「原発即ゼロ」やればできる

米と発電の二毛作

絵空事ではない建築家の答え

福永博建築研究所

海鳥社

はじめに

私は、今、政府・自民党が「原発をゼロにする」という方針を打ち出すべきだと主張している。そうすれば、原発に依存しない、自然を資源にした「循環型社会」の実現へ、国民が結束できるのではないか。原発の代替策は、知恵のある人が必ず出してくれる。

この小泉元首相の「原発ゼロ」発言は、停滞状態にあった原発論争を再度、安倍首相、そして私たちに問いかけることになりました。原発ゼロ発言に対し、「ゼロにするなら、どういう代替案があるのか」「コストの問題、今後の経済成長は大丈夫なのだろうか」国民の関心は、この2点に尽きると思います。

この本では、絵空事だと思われるかもしれませんが、原発に替わるエネルギーづくりの具体案を提示することで、原発ゼロを現実のものにしようとしています。それは、従来通りお米をつくり、収穫後に同じ田で電気をつくる「米と発電の二毛作」。太陽と、我が国の資産である水田を活かすものです。日本の水田の30％を活用し、全農家の半数の力を借りるという今までにない壮大な計画です。自然資源を活用することで、燃料コストの問題が解消できるのです。

3・11の福島での原発事故以降は原子力発電がストップし、燃料の輸入量増加と価格の高騰でエネルギーコストが増大し続け、貿易収支は黒字から赤字に転じています。平成25年上半期時点での貿易累積赤字は14・3兆円となっています。貿易赤字は国家財政だけでなく、外交における日本の立場をも左右する重要な問題です。

このままではお金が海外に流れる一方であり、この流れを止めなければならないと思っています。

また一方で、日本は65歳以上の人口が３０００万人を超え、高齢者が総人口の25%を占めるという世界一の超高齢社会になりました。これからも日本の高齢化はさらに進み、２０５０年には5人に2人が65歳以上になると予測されています。65歳以上の高齢者は、戦後、日本の高度成長期の中心となった世代です。しかしその一方で、今は年金をはじめとする社会保障に支えられている当事者でもあります。全国民の４人に１人の生活と医療を保障する国家の負担は、その財政を赤字財政で保っており、１０００兆円の借金の残高となって表れています。日本が巨額の債務残高を抱える国として、世界の先頭に立っていることは現実です。これらの２つのお金の流れを止めなければなりません。


本書では、まず「シルバーの幸せとは何か」をテーマとし、健康を第一に、経済的に不安のない、文化的な営みのある「働・学・遊」の暮らしを掲げています。特にその中の「働く」ことについては、シルバーが自然の中で4時間働くことで収入を得ることができれば自身の自立を促すこととなり、社会保障の費用が抑えられるのではないかと考えました。

この目的を実現するために、年間総発電量の1%のエネルギーをつくることを目標とした、「シルバータウンで電気をつくる」という太陽光発電事業計画を提案します。１%という目標は、現在の太陽光の総発電量に匹敵するものです。太陽のエネルギーは万人に与えられた自然の恵みであり、私たちはこれらを活用するのです。

シルバータウンは、住まいと職場が同じである職住一体の街であり、国の社会保障だけに頼らないシルバーの在り方を示すことのできるまちづくりが行われます。老後は子供たちに迷惑をかけたくないという想いと同じように、次には社会に迷惑をかけたくないという想いがシルバーの中に芽生え、思いやりと助け合いの精神が生まれる中で、シルバータウンから始まるエネルギーづくりは社会に広がりを見ます。

これまで3000万人のシルバーの生き方が示されることがなく、また東日本大震災以降、今後のエネルギーの方向性も見えてきません。これらは満州事変後の日中戦争のように目標のない戦いを強いられているようなもので、今、国民は、社会保障やエネルギー問題が一向に解決していかないことを肌で感じ始めています。

そこで私は、原子力に替わる30％の目標達成のために、さらに2つの計画を提案します。「シルバータウンでの1％計画」「1000社の企業参入による10％計画」「農家による20％計画＝米と発電の二毛作」という3つの柱でエネルギーづくりを進めていくものです。

その具体的な計画内容、膨大な開発資金はどのような仕組みをもって、どこから投入されるのか、そしてシルバーや国家経済にどのような波及効果をもたらすのかを示していきます。特に「米と発電の二毛作」は、今までにないアイデアであり、稲作後の水田を活用して太陽光発電を行うことで、農家に農業以外の500万円の収入をもたらします。

目標が達成されれば、これまで輸入していたエネルギー燃料にかかる費用を抑えることができ、それは国益につながります。本来海外に流出していた燃料費を、日本国内のマーケットにおいて循環させることができるのです。このお金がうまく循環する仕組みを国民に伝え、その合意を得ることが、この壮大なエネルギー計画を成功へ導く出発点となります。

国民の国に対する金銭的な負担度合いを表すものとして、国民負担率があります。日本の国民負担率は現在40％程で、世界的に見ても低い水準にありますが、これは赤字国債発行による財政赤字により負担を回避しているからに他ならず、財政赤字をプラスすれば、国民負担率は50％になります。この実態に、国民は見て見ぬふりをし、問題を避けてきました。
第二次世界大戦以降、国家総動員的にまとまって統制を受けることに、国民はアレルギー反応を示します。このような背景から、国家財政の悪化が顕著になった時、そのまま国が借金をして赤字の財政を続けるのか、それとも国民に税負担を課すかの選択において、政府はこれまで国家の赤字財政を選択してきたということです。しかし、国の借金は国民の借金であり、ゆくゆくは子や孫が困ることになります。平成26年の4月からは消費税率が8％となり、国民の租税負担率が上がります。ヨーロッパ諸国並みの60％の国民負担率になるのを回避するためには、高齢者人口の自然増加分だけでも社会保障関係費を抑える具体的提案を必要としています。

本書を、日本の将来の憂いに対し、問題解決を図るシナリオとして読んでいただけたらと思います。
シルバーが働くということ、それを実現するシルバータウンでの暮らしは、ケアを中心としたものとはならず、「働く」ことで健康を維持し、「遊び」を掘り下げていく中で、それは「学び」となり、生き甲斐が生まれます。目指すは「働・学・遊」の暮らしのまちづくりです。自らの心が豊かであれば、他者に思いやりを持って接するようになり、お互いが助け合う中で、人と人とが互恵で結ばれます。シルバータウンでの暮らしを通して、シルバーは人々に侮られる存在ではなく、知恵と経験を持つ者として社会に受け入れられるようになるでしょう。それは若い人たちにとっても、今後辿る道であり、その先にある平和で安心な暮らしへの道標となります。さらに本書では、小泉元首相が言われた「原発即ゼロ」への回答として、「米と発電の二毛作」を掲げます。原発ゼロは、全国民が力を合わせる絶好の機会であると思います。「やればきっとできる」私はそう信じています。

福永博建築研究所代表　福永　博

米と発電の二毛作――「原発即ゼロ」やればできる　絵空事ではない建築家の答え◉目次

第1章　スタートは国の財政を見つめることから

第2章 超高齢社会における シルバーの力の見せどころ

第3章　小泉発言「原発即ゼロ」やればできる絵空事ではない建築家の答え

第4章　エネルギー問題を解決すれば社会保障問題も改善できる

第1章

スタートは国の財政を見つめることから

1　社会保障を考える　団塊ジュニア世代の不安な老後

我が国は、65歳以上の人口が3000万人を超えるという世界一の超高齢社会になりました。人生を、学校で学ぶ教育期を第一世代、社会の担い手として働く現役期を第二世代、知恵や経験を活かして活動する円熟期を第三世代、ケアが中心になってくる高齢期を第四世代に分けて考えると、仕事から離れた65～75歳は第三世代に位置づけられます。

第三世代の人たちは、60歳で定年を迎える時、その後の人生の過ごし方を考え、引き続き「働く」「働かない」という選択をしてきたかと思います。しかし、平均寿命が延びた現代では、第三世代のほとんどの人は健康で、自立した生活を送るべく働くことができます。この本では、第三（65～75歳）の人生を安心して過ごす方法を考えていきたいと思います。

日本ではほとんどの人の考えの中に、老後は、子供たちに迷惑がかからないように財産をストックして生活する、という思いがあり、それゆえに我が国は国民の貯蓄が世界水準から見ても高く、総額1200兆円となっています。子供たちに迷惑をかけたくないという思いは、団塊夫婦に対して行われたアンケート調査結果に顕著に表れています。結果からは、男性の半数以上が子供ではなく、妻に介護を頼みたいと考えていることがわかりました。また女性の場合は、夫に頼りたいとの意見は25％程で、施設や病院、ホームヘルパーや訪問介護師を希望する意見が多く見られます。子供による介護の希望は男女合わせても10％弱となっており、年金で生活してケアが必要になったら国に面倒を見てもらう、といった考えに基づいて、第三（65～75歳）の人生設計をしているともいえるでしょう。

子供たちに面倒をかけないで生活できる人たちには資産があります。その資産は、平均2250万円程の流動資産となっています。しかし、65～75歳の第三の人生の期間にその資産を消費してしまうと、次の世代に資産が残りません。つまり、現在の団塊世代を初代とすれば、二代目である団塊ジュニア世代に資産を残せなくなり、団塊ジュニアの老後が不安定なものになってきています。

拙著『300年住宅――時と財のデザイン』および『300年住宅のつくり方』では、初代はまあまあの暮らしをして、二代目が少し余裕をつくり、三代目で資産が出来上がり、社会奉仕や文化をつくり出していく、といった資産構築の流れを書きました。この考え方は家を100年以上使用することで、住まいにかかる費用をなくし、三代・100年をどう生きるかといった方法でした。

しかし現代は、年金などの社会保障の給付が負担を大きく上回り比較的裕福な老後を送ることのできる団塊世代に対して、団塊ジュニア世代の将来は厳しいものがあります。非正規雇用者が多く、年功序列型の昇給制度、福利厚生や退職金制度の恩恵が十分でないことに加え、今後の経済成長も期待できないのでまず蓄えが乏しいのが現実です。その上、将来社会保障の給付が負担を下回ると予測されています。それゆえに、いかにして資産を残すのかを、これまで以上に考えていかなければなりません。

例えば、平成22年度の日本の社会保障財源においては、収入のうちの被保険者および事業主拠出により集まる社会保険料総額は57・8兆円です（図1－1）。また支出を見ると、年金は52・4兆円となっており、仮に年金は社会保険料を集めたお金だけで足りているとします。しかし、医療、介護、生活保護の合計42・7兆円については税収を全額充てたとしても賄えません。

2 日本経済は戦後69歳

年齢に応じた経済の在り方

日本の財政は、マイナス45兆円の財政赤字が続いています。一方で、6・6兆円の貿易黒字（平成22年）や高水準の対外債権保有による所得収支を含む経常収支の黒字により成り立っており、国の国際収支をもとに赤字国債を発行しています（図1－2）。バブル後に500兆円あった債務残高は増え続け、現在の債務残高の累計は1000兆円程になっています。ここ二十年程の間に雪だるま式に膨れ上がった日本の債務残高の対GDP比率は先進国の中でもトップです。

米国は財政赤字と貿易赤字の2つの赤字を抱えていますが、日本・中国からの資本やオイルマネーが米国に流入することで国際収支は黒字となってバランスを保っています。日本は輸出で経済を立てているので、貿易の黒字化が重要です。しかし東日本大震災の原発事故以降、代替の火力発電で燃料の輸入費が増加し、貿易収支は赤字となっています。この貿易赤字の状態がこれからも続けば、国債の格付けが下がって国債の金利が上がり、国の借金をさらに増やすことになります。

デフレの国内経済や1000兆円の国の債務、貿易

■図1－1　平成22年度社会保障財源と給付のイメージ

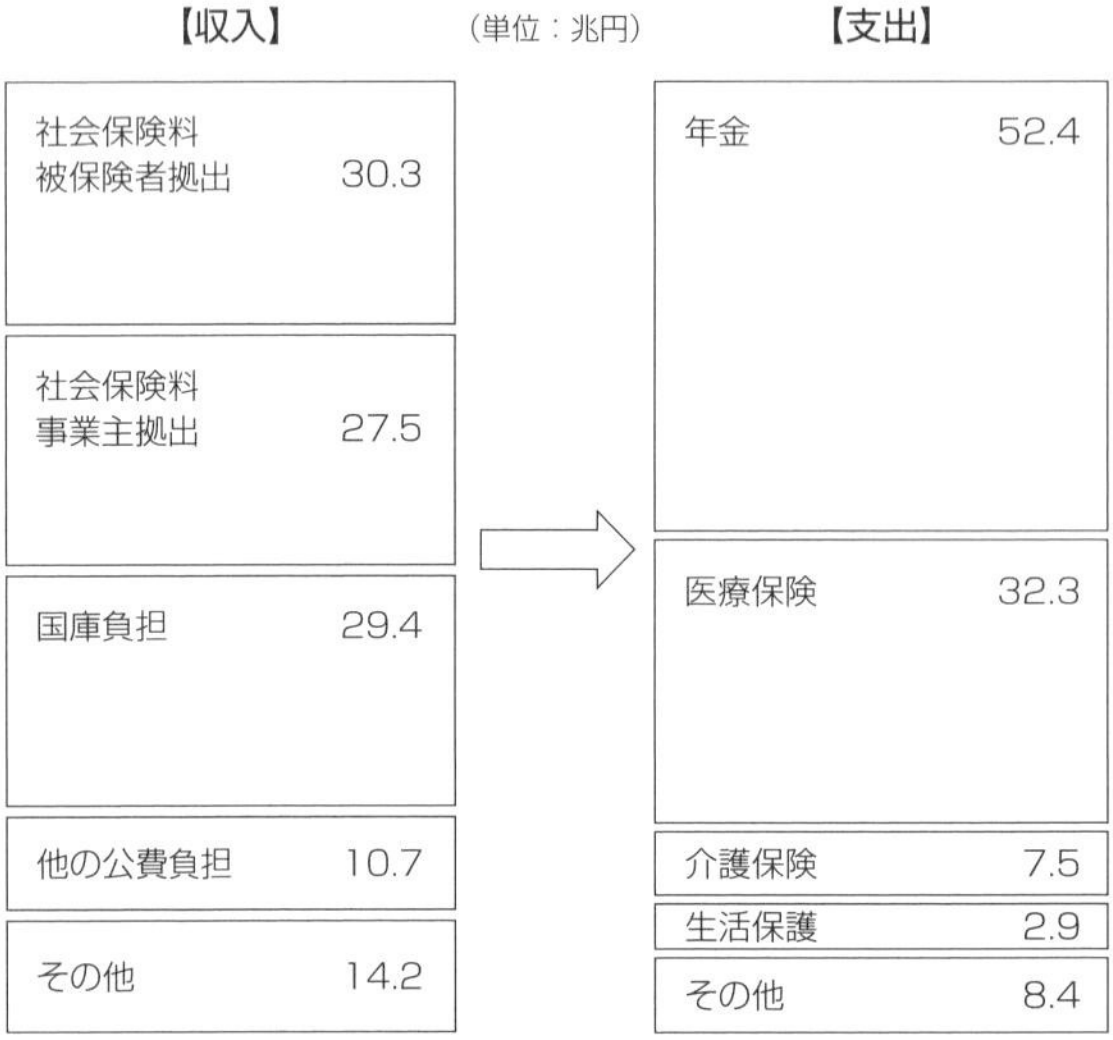

参考：国立社会保障・人口問題研究所「平成22年度社会保障費用統計」（平成24年11月29日公表）

黒字に依存する国際経済バランスが、このままで良いわけがありません。バブル後20年以上、毎年のように「景気回復」が唱えられていますが、もう景気に左右される問題ではありません。今や日本経済は、これまでのような市場の拡大を求めるやり方では問題に対応できなくなっています。戦後復興が始まった昭和20年を起点とすれば、日本の経済は平成26年で69歳になります。高度経済成長期を16～30歳の青年期とすれば、バブル景気は働き盛りの30～40歳の壮年期といったところになると思います。ちなみに、バブル期の平成2年における日本の税収は過去69年の中でピークになっています。そのうち所得税、法人税の2つについて見てみると、

■図1－2　貿易収支と経常収支の推移

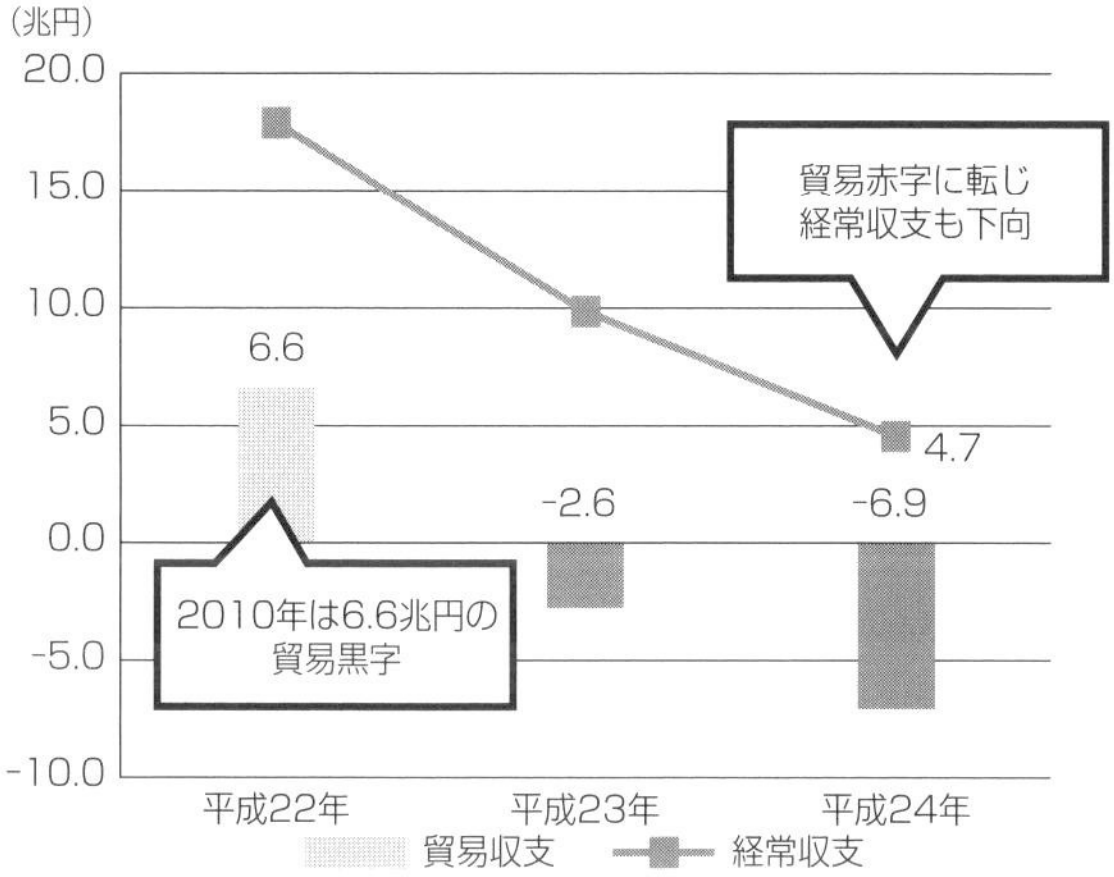

参考：経済産業省・第3回電力需給検証小委員会（平成25年4月17日）
「燃料費コスト増の影響及びその対策について」

所得税：15兆円

法人税：20兆円

合わせると35兆円となり、これが我が国の税収のピーク時における所得税と法人税の最高額です。平成22年度予算では所得税と法人税の合計は当時の約半分の18・5兆円程です。当時の財政状況としては、国の借金は500兆円程で、政府予算は72兆円でした。

そして今、日本の経済は69歳。69歳の体力（経済力）を、30歳や40歳と同じような方法で維持回復させることは情勢も変わり困難です。バブル期のような所得・法人税収を期待することはできないでしょう。そこで、日本の人口動態や経済は69歳になっていることをまずは認め、69歳にあった考え方を持ち、その時代や価値観にあった市場や経済の在り方を設定していくことが求められていると考えます。まずは、社会

保障を受ける当事者である3000万人のシルバーの意識を大きく変えていく必要があります。

3 「和田レポート」でシルバーへの理解を深め、生き方を学ぶ（要約）

高齢化社会となった時代の生き方を提案したものとして当建築研究所で作成した「和田レポート」があります。このレポートは、20年以上前、日本最初のシルバータウン「美奈宜の杜」の提案をする際に、第三世代の生き方の精神的な哲学としてまとめたものです。このレポートを通してシルバーを知り、学ぶのです。シルバーが社会の中でどういう位置づけにあり、どのような行動が求められるのか、最終的にはどのように生きていくことが3000万人のシルバー、特に第三世代、そして社会にとって望ましいのか、といったシルバーと社会との最良な相対関係が見えてきます。ここからは、一部、和田レポートを要約します。数字は当時のものです。

1 直面した高齢者問題――「介護」は必要だが目標ではない

日本人の高い集団帰属意識は、仕事をリタイアした人にとって空虚な孤独感をもたらす。「老人」と括《くく》られ、組織から離れた不安、核家族化により居場所も失う。「老化」とは生理的なものを中心に捉えるが、「精神的」「社会的」な老化という視点も同位に定義される。つまり高齢化社会のあるべき位置づけは、高齢者医療に勝るとも劣らない問題の柱となり得るが、日本の現実は、ケア＝管理と意識は「効率」重視へと向いている。手本となる高福祉型社会のスウェーデンでは、国の財政負担（公務員給与、年金、手当など）で生活している人は466万人で、民間労働者の200万人に対し、約2・3倍に達する。租税負担は重く、国民のやる気を喪失させ経済危機を迎える。日本も高齢化社会が進み、多くの問題に直面しているが、増税という逃げ道をつくることを避けるべく、方向転換しなければならない。

2「友愛」と「互恵」の社会づくり

高齢者問題についてケア問題＝管理が最優先のテーマと掲げることは、真の成熟化社会に相応しくない。将来、誰もが迎える老後の人生。多くは他人事と感じるのか。しかし、日本は相互依存の文化。困った時はお互い様だ。個人と個人が助け合い、個人と集団がコミュニティとしてつながってゆく図式が目指すべき社会ではなかろうか。個人が生き甲斐を見出し、それが誰かの役に立っていると感じ、一体感が生まれる。社会の一人としての存在意義を確信する。

助け合うこと。経済の発展に伴い、「効率主義」を優先してきたばかりに、その外郭は見えても意味は見えづらい。人は「豊かさ」を知る際に、他と比較して、もしくは第三者の情報に与えられた尺度による価値を元に判断してきた。そこには、他人より豊かでありたいとの自分至上主義、優越願望が見え隠れ。すべて否定はしないが。アンバランスな世代構成の中で、人は「支え合う」必要があることを再認識すべきだ。高齢者は自立し、勤労世代と共生して、社会を動かすことを目指す。「友愛」と「互恵」をもって人間関係を支え合う。メディアに踊らされ、競争心を煽《あお》られる中で「虚」と「実」を見極められるような冷静な、あるいはゆとりのある意識でありたい。心のゆとりは充実感を生み、それこそが豊かさの尺度と気づく。ゆとりを持つことができれば、高齢社会においても思いやりのある助け合いが出来る。このことを国の方針として求める。

3超高齢社会における方針と意識

高齢者の5％程度しかケアを必要としていない。高齢者問題は、大勢の元気な高齢者に焦点を合わせ大局的に捉えるべきだ。ケアは段階の最終局面では必要だが、それがすべてではない。生き甲斐ある生活と、社会の一員である認識と自信を持つことだ。豊富な経験を持ち、研ぎ澄まされた知恵、知識を持った高齢者を「老いぼれ」と蔑《さげす》むことはできようもない。共生できる社会を支え合うために。

リタイアした個人が、健康に生活を送るにあたり、「働」「学」「遊」のキーワードを軸に考える。現在の都市に住む高齢者にとって、年金中心の生活に加え、1日4時間、現役時代の半分の時間を「働」くことで自立ができ、社会の一員としての存在を実感できる。また、一通りの人生を経験した高齢者は、鋭い探究心と熟成された好奇心からさらなる挑戦を目標に掲げ、自発的な「学」習は、その人生の〝質〟を高め、有益で、これ以上頼もしいものはないと感じる。そして未体験な領域に踏み込めば、「遊」びの世界は感動を帯び、深い洞察力により奥行きを持つ。65歳以上が3000万人に達した高齢化社会では、心の豊かさ、ゆとりを紡ぎ出す社会となるべく、「友愛」と「互恵」の言葉を通して、歩むべき方向を位置づけることが必要だ。

この和田レポートでは、高齢者の立場・考えに立ち、哲学的にアプローチし、問題と対峙している。人が集まるコミュニティの中心になるものは、互恵（お互いに助け合う）であり、友愛（思いやり）の意識であり、この心が、豊かな街をつくってゆく。そこでは、「働」「学」「遊」の精神を柱に、健康な生活を送り、人生の完結を目指す。高齢者の心の中にある、安心できるリタイア後の生活とは、どのようなものかを提案している。

（ここまで和田レポート要約）

4　シルバー社会に応じた「互恵主義」

和田レポートで導かれた考えに基づくと、変化する社会においては、新しい原理原則が必要になります。資本主義、民主主義など、立場や考え方、方針や原理原則、仕組みなどを表現する言葉として〝主義〟という言葉を使います。この本では成熟した日本の向かうべき原理・原則を「互恵主義」と表現したいと思います。この「互恵主義」を土台として思想や価値観、経済や政治の在り方などを考えることで、今後社会はどうあるべきかを理解することができ、その進むべき方向性が見えてきます。「美奈宜の杜」で目標として掲げた「互恵」という考え方が、進むべき方向として個々の心の中に浸透していき、互いの心をつなぎます。

「互いが助け合うことで役目が見えてくる」

「お互い様で、人が絆で結ばれる」

現役時代は仕事で時間が拘束されますが、リタイア後はボランティアなどの奉仕活動が例として挙げられます。社会にとって必要なことが、お互いに助け合う社会の構築に参加することで見えてきます。

私の専門である建築から「互恵主義」における人々と社会との関わりを捉えると、「まちづくり」がテーマになります。皆が使う「通り」を保全しながら、話し合いを通して修正していくなど、自主的な取り組みを行っています。一人ではできませんが、街で決めたルールに従って新しい建物をつくっていくのです。福岡市の「けやき通り」では、①塀を作らない、②オープンスペースを設ける、③色を合わせる、の3つのルールに従って、街並みが整えられています。共通の「互恵主義」が「通り」という社会環境を形づくっています。美しい通りになると、通りに価値が生まれ、手入れをするとさらに価値が高まります。このように「互恵主義」では、相手のことがわかり、こちらのことを伝えることができる。お互いの立場がわかって、目的や目標が達成されます。

シルバータウンでは「働・学・遊」の3つのコンセプトを掲げています。この「働・学・遊」が日常に取り入れられ、生活に馴染んでいく中で、古来より日本人はその根底にある「互恵」に基づいて互いの立場や関係を築いてきたということに気づき、人間として深化するのです。「働・学・遊」については次章で詳しく述べますが、この三位一体の考えは、心身の健康を保持し、精神的ゆとりを深め、生き甲斐を増幅する、というものです。人は自らの心が豊かであれば他者に思いやりを持って接するようになり、お互いが助け合う中で人と人とが絆で結ばれます。今、福祉で行き詰まっている日本にとって必要な「こころ」です。

5　家計の半分は借金収入　借金で借金をしのぐ、小学生でもわかるおかしな会計

日本の経済は歳をとってきており、現在では69歳になっています。景気回復という名のもとに40歳という年齢に戻ることはできません。私たちはまずその自覚を持つべきです。借金をして暮らしをよくすることは土台無理なことです。これは小学生でもわかることです。借金を清算するには一度整理するしかありません。債務軽減のための施策は、①景気回復、②整理＝債務不履行、③インフレーションの3つです。

平成22年度の一般会計予算では、公債金収入は歳入のうちおよそ半分の44・2兆円です。建設国債を差し引くと、残りの38兆円が赤字国債発行によるものです（図1－3）。また支出における利払費と債務償還費を合わせたものである国債費は、

利払費など：9・8兆円

債務償還費：10・8兆円

の合計20・6兆円となります（図1－4）。元金の返済が進まない限り、政府はこの国債費をこの先ずっと支払い続けていかなくてはなりません。

また国債費に地方交付税交付金17・4兆円を合わせると38兆円で、赤字国債と同じ額になります。特に国債費と赤字国債の関係は借金で借金をしのいでいるようなもので、利子分を借りて支払うということは、必ず次の年にこの分の借入が増加することになります。よって、国債費に地方交付税交付金を合わせた支出＝赤字国債が毎年増加し続けることになります。

このまま債務残高が増え続けた結果、財政破綻が起きるようなことになれば、国債が消化されない市場にお

■図１−３　平成22年度予算の歳入内訳

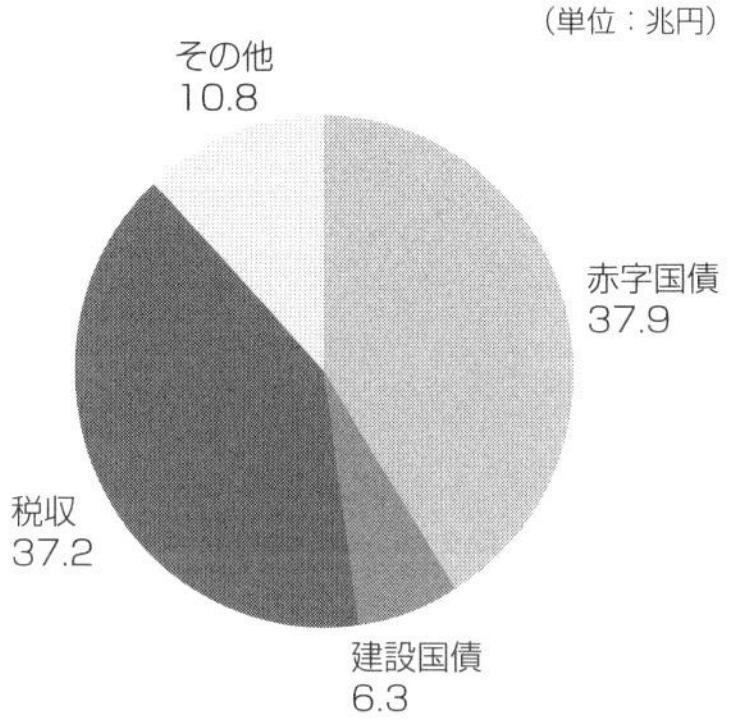

■図１−４　平成22年度予算の歳出内訳

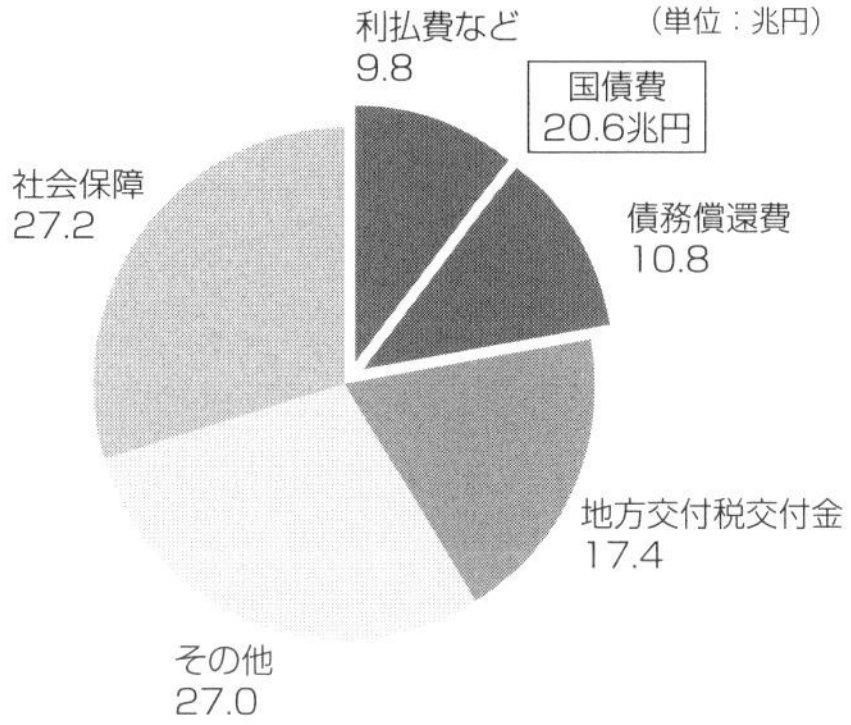

参考：いずれも財務省「日本の財政関係資料」（平成22年８月）

いては新規に国債を発行できなくなります。この時、国債の保有者が影響を受けることになり、投資家が国債を信用しなくなれば、以後、国は国債を発行することが難しくなるのです。政府はこれまで借換債を発行し続けて財源を確保してきたわけですが、その結果、今では債務残高が１０００兆円になっています。本当に財政が破綻するようなことになり、政府の財源が確保できなくなった時、影響を真っ先に受けるのは国民なのです。

６　有益な投資とは

歴史から考察すると、経済の最終局面においては、戦争して破壊し、元の状態に清算することが行われてきました。19世紀ドイツ軍参謀クラウゼヴィッツは『戦争論』の中で「戦争は経済の解決策である」と言及しています。戦争は豊かな先進国間で起こり、工業力が巨大なだけに甚大な被害を与えました。過去の歴史を振り返ると、１９１４年に第一次世界大戦が起こり、軍人８５０万人、民間人１３００万人が亡くなっています。この悲劇を繰り返さないよう、１９２０年に国際連盟が発足しましたが、１９３９年には第二次世界大戦が勃発し、軍人１９００万人、民間人約４０００万人が亡くなりました（戦死者数は田岡俊次「『国境なき平和』を考える」（『ロータリーの友』２０１３年6月号、一般社団法人ロータリーの友事務所」より)。人は「命かお金のどちらをとるか」と尋ねられると、もちろん命が大事と言うでしょう。戦争しないためには、経済の病気を手術する必要があります。経済の低下を病気とするならば、病気と付き合うしかありません。しかし、経済回復が遅々として進まない状況では、自ずと国民は我慢できなくなり不満を言うようになります。国は国民の不満が抑えられなくなると、戦争を始めます。その時は、命の選択肢はなくなるのです。そして、国が借金をする典型的な例も戦争時に他なりません。戦争の遂行には巨額の費用がかかるので、一時的に大きな財源を集める手段として国は借金をします。

しかし、戦争のためでも、歳出を補うためでもない借金が存在します。我が国は高度経済成長期において、外国から資金を借り、東海道新幹線建設などの公共事業を行いました。そして先進国へと発展していったのです。これこそが明るい未来への投資です。

その投資が有益であり、将来返済できる見通しが立つものであれば、投資のために財政赤字が発生してもよいという考えのもと、我が国では建設国債の発行が認められています。今回、後章で提案します「シルバータウン建設」や、これまで誰も提案することのなかった「米と発電の二毛作」は、国家予算をも上回る建設国債による資金投資により行われる事業です。

7 赤字国債を加算すると国民負担率は50％

国民の国に対する金銭的な負担度合いを示す指標として国民負担率があります。国民負担率は租税負担率と社会保障負担率から成るもので、それらを国民所得と比較したものです。平成22年度において、日本の国民負担率は38・5％であり、これは米国の31％と並んで低く、ヨーロッパ諸国がフランスの60％、スウェーデンの

■図1－5　平成22年度の国民負担率の国際比較

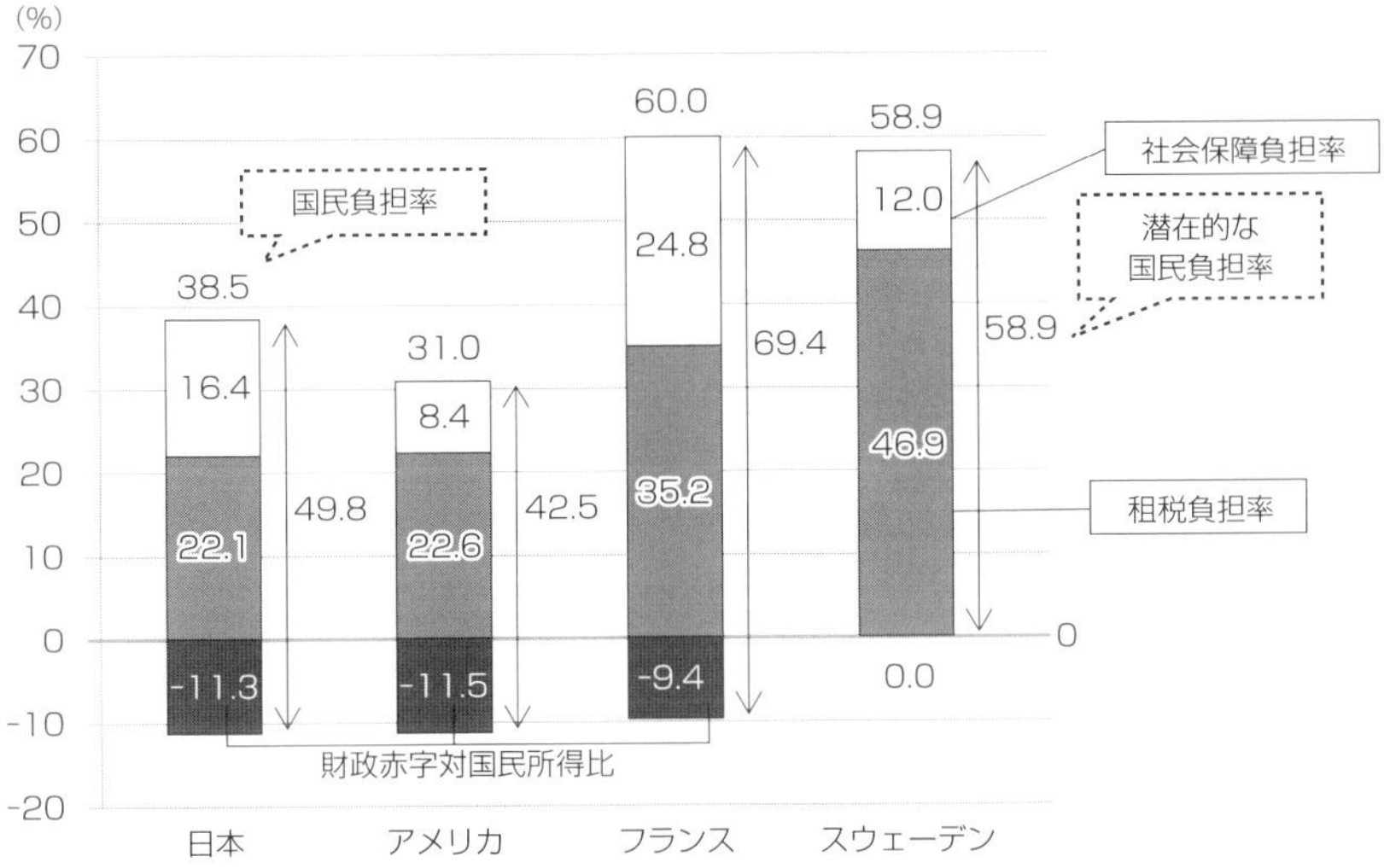

参考：財務省「日本の財政関係資料（平成25年度予算案補足資料）」（平成25年４月）、
「国民負担率（対国民所得比）の推移」（平成25年３月）

58・９％と高くなっているのと対照的です（図１－５）。しかし、我が国で国民負担率が低いのは、赤字国債発行などによる財政赤字により負担を回避しているからです。潜在的な国民負担率は財政赤字を足して50％近くになると算出されています。税金を上げないのであれば、赤字国債の発行が増加するというジレンマが続くことになります。

国家財政の悪化が顕著になった時、そのまま国が借金をして赤字の財政を続けるのか、それとも国民に税負担を課すのかの選択において、今まで政府は国家の赤字財政を選択してきたということです。

この実態にこそ、経済の病気と真剣に付き合う方法を考えていく必要性が如実に表れています。カエルも水からゆでるとお湯になっても逃げずに最後は死んでいくように、国の借金、つまり国民の借金は、私たちが見過ごしているうちにどんどん増えていくのです。人間は理性があるので、状況を理解して変化することができるはずです。

8 社会保障を国債や税金に求めない

シルバーが1日4時間働き収入を得ることで自立する

国家の収入源の主なものである税収について確認しておきたいと思います。平成22年度一般会計予算における歳入を参考にすると、

所得税：12・6兆円
法人税：5・9兆円
消費税：9・6兆円
その他酒税など計：9・1兆円
合計：37・2兆円

の税収となっています。先に社会保障関係費用が不足していると示しましたが、年金以外にかかる費用の主なものとしては、

医療保険：32・3兆円
介護保険：7・5兆円
生活保護：2・9兆円
3項目合計：42・7兆円

となっており、税収の合計37・2兆円をこれにすべて補填するとして、社会保障関係支出42・7兆円から税収入の37・2兆円を差し引くと、5・5兆円の不足が出ます。不足分は税金以外で補うとなると、歳入の9割方は税金と公債金収入なので、おのずと国債に頼るしかありません。つまり社会保障の側面から見ても、この分

が増発する赤字国債となり、累計額を増やす一因となっているのです。平成26年度からスタートする消費税の3％値上げは、この不足分を補うための財源確保として執行される予定です。

赤字国債の発行によって成り立っているともいえる国家財政の現状を踏まえ、「社会保障と税の一体改革」の名のもと、税金を社会保障費の財源とすることが進められています。しかし、社会保障費の財源を税金に求めていくと、当然、税金はどんどん上がっていきます。この方式を採用しているヨーロッパ、特にフランス、スウェーデンでは国民負担率が収入の約60％となっていることを先に示しました。緩やかに高齢化してきたヨーロッパの先進諸国は、これまでの資産と考えや習慣があることから運営が成立しています。ただし、サービスが無制限にならぬよう、医薬品は高価な場合が多く、また主治医の紹介がなければ次の病院に行くことができないなどの制約が設けられています。しかし、急速に進むアジア諸国の高齢化、特に中国やインドなどはそうした考えや資産がないため、高齢化に対応できないリスクが高くなっています。

急速に高齢社会となった日本は、ヨーロッパ型とアジア型の中間に位置しています（日本の国民負担率38・5％）。税金を上げられないのであれば赤字国債の発行を増やす、という状態が今日まで続いてきましたが、これを止め、日本はこれからのアジアの見本とならなければなりません。

また、若い人の年金未加入・未払いが増えています。世代間負担に加え、将来の自分たちの年金資金としての積立が「二重の負担」になっており、不公平感が蔓延していること、実際に収入が少なく支払えないことに要因があります。近年の国民年金保険料の納付率は6割を下回っている状況です。これからは若い人が社会保障の負担をしてもよいと思える社会構造にしなければなりません。その基盤となる考え方として、先に述べた互恵主義があるのです。

まずは私たちが、日本の財政が税収をはじめとする収入だけでは成り立っていない、という現状を知ることからです。そしてシルバーが、社会保障を一方的に受ける側から、定年後も現役時代の半分の4時間だけ働くことで生産性を維持し、自ら収入を得て社会保障受給とのバランスを取りながら生計を立てるように移行していきます。この双方の思いやり、そして自立精神が、世代間で支え合うという互恵主義そのものであると思うのです。

第2章

超高齢社会における
シルバーの力の見せどころ

1 高齢者が元気になるまちづくり

介護より病気にならない環境を整える

社会保障のひとつに「介護保険」があります。平成22年度の給付内訳では、その費用は7・5兆円となっています。高齢化問題対策となると、介護の問題に重きが置かれますが、まずは医療費の社会保障負担を増加させないために、元気で病気にならない高齢者の環境を整えることが必要だと思うのです。第三世代として65歳から75歳まで元気に生きるための、短時間の労働と健康的な住環境、精神的な拠り所となるコミュニティのつながりを実現する「シルバータウン」をつくり、シニアの良好な生活の場とするとともに社会の連接点とします。経済的には「シルバータウン」の開発費を、国が建設国債を発行して投入することでお金の流れをつくり、日本経済の問題解決の糸口とします。

急激な高齢化が進んだこともあり、特に第三世代（65～75歳）の生き方、暮らし方が今日まで明確に示されていません。第三世代に当たる人口は１５００万人と高齢者総人口の約半数であり（図２－１）、肉体的にも精神的にも、第三世代の多く

■図２－１　高齢者人口の推移

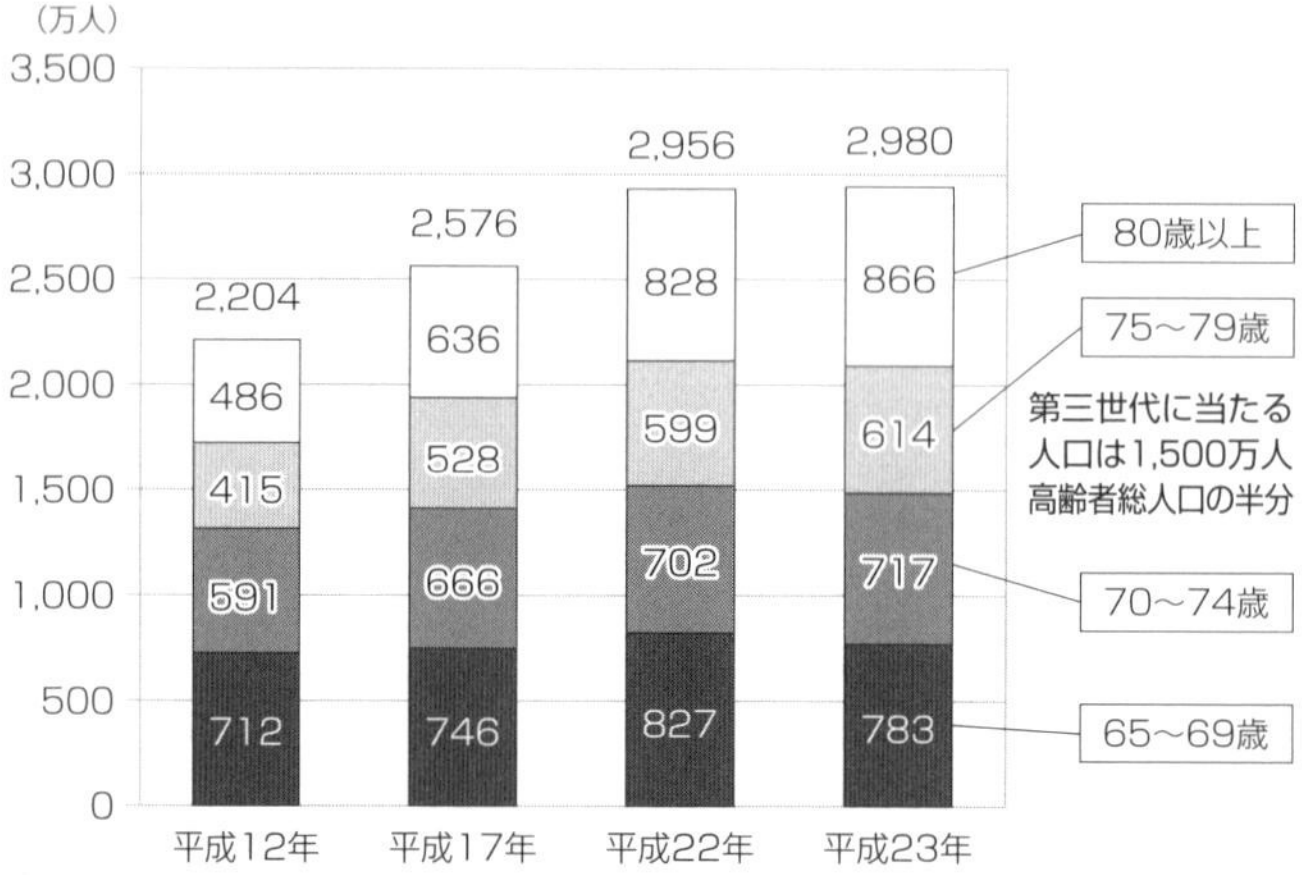

参考：総務省統計局「人口推計」（平成23年９月）

の人は健康で自立しています。彼らは経験に富み、多くの知恵も持っています。そのマンパワーをシルバータウンで活かすのです。仮に1000戸のタウンが全国に100カ所できれば、100の知恵の集合体が生まれます。それを構成する人間の数だけ生きてきた軌跡があるのです。

社会における位置づけとしても、収入を得ることのできるシルバータウンは経済的に豊かであり、現役世代にとっても憧れの場所となります。そして、退職で社会を離れる第三世代（65～75歳）は、現役の第二世代（20～64歳）と補完し合うことで相乗効果を発揮します。その世代間の力が発揮しやすい環境づくりが重要であり、そのモデルとなるのが「シルバータウン」なのです。福岡県甘木の地に、私が全国初のシルバータウンとして企画・設計した街「美奈宜の杜」が実在します。この美奈宜の杜の開発に携わったことは、シルバー世代の幸福とは何かということを深く掘り下げるきっかけとなりました。その後二十数年間にわたり、構想を練ってきました。これからのシルバータウンは、現代のニーズに適合するまちづくりを目指していきますが、コンセプトや目標点は今も昔も変わることはありません。

この章では、なぜシルバータウンが必要なのかを伝えていこうと思います。

2　福岡に実在するシルバータウン「美奈宜の杜」

［ロケーション］

美奈宜の杜は全国初のシルバータウンとして、筑後川北部の筑後平野を見下ろす広大な丘陵地に40万坪の敷地面積を有し、街の中心となる通りは秋月城跡へと続いています。大仏山を切り開いた小高い丘の南側には標高800mの鷹取山を筆頭に耳納《みのう》連山の山並みが広がっており、その先には八女市があります。そこから望む筑後川の美しいきらめき、稲や果物の名産地であることが物語るように、豊穣の地、清らかな水に恵まれた土

美奈宜の杜の全景

地です。古来より神功皇后伝説が息づき、熊襲《くまそ》征伐の際に竹を用いて矢がつくられた場所とされており、現在も矢野竹という地名が残っています。

【背景】

初めてその地を訪れた当時は、山中を歩くのに2時間かかるほどの未開の地でした。また時代はバブル期の真っ只中で、会員権の収益を見込めるゴルフ場や大学の誘致が進められていましたが、タウン計画の実現に当たって、西日本振興株式会社の勝野高成社長（当時）が中心となり、受け入れ側の甘木市の協力を得て事業開発計画を進めていきました。なお現在では、その運営を福岡地所株式会社が行っています。

タウンのモデルとなったのは、すでにアメリカやオーストラリアで展開されていた「リタイアビレッジ」でした。これらにならって、ハード面でのセキュリティやサポート体制、ソフト面での同世代の人々の触れ合いを取り入れています。

アメリカのリタイアビレッジの特徴は、人種や身分の違いが顕著なことから、治安維持の強化にあります。日本では厳重なものを必ずしも必要とはしませんが、美奈宜の杜建設の際には、防犯や定期巡回体制の充実に努めました。

ニュージーランドでは、ビレッジ内の住居と住居が隣接せずに、適度な距離を保つ配置となっており、住居が自然の中に融合すると同時に、個の領域が守られています。この自然の中での暮らしの営みにヒントを得、美奈宜の杜では当初の計画より敷地面積を1・5倍に拡大しました。

そしてオーストラリアでは、国民の間にリタイアビレッジへの抵抗感がなく、そこでの老後の生活を楽しみたいという希望が、娯楽の充実として活かされています。美奈宜の杜ではコンセプトのひとつである「遊」の部分に反映し、ゴルフ場の建設などのかたちとなって実現されています。

このゴルフ場はタウンの中心部に配置され美しい景観が広がっており、「ゴルフ場のある街」は当時珍しいものとして話題となりました。「毎日ゴルフのラウンドをリゾートのように楽しむことができたら」「住民はもちろんのこと、訪れた人の笑顔を見れる街にしたい」という勝野社長の強い想いがありました。ゴルフを目的に、居住者以外の人たちも訪れることのできる活気あるまちづくりを目指しました。

[街区・街路づくり]

街は3つの居住区画から成り、ゴルフコースを望むエリア、ゴルフ場横の寺内ダムを展望できるエリア、筑紫平野と耳納連山を見渡すエリアから構成され、宅地の裾野の向こう側には雑木林が広がっています。また、住戸を建てるに当たり建築協定を設け、道路部分の緑地帯と宅地内のオープンスペースの植栽とを併せることにより二重の並木歩道をつくるなど、統一感のある景観づくりを行いました。

それぞれの街区内にある公園は、個々の住宅敷地内にある庭の延長とすることで公私の境を感じさせない生活緑地としての特性を持ち、花々が植えられた前庭を公開する催しが毎年行われ、住民の楽しみとなっていま

公園と境なしで接する住宅

タウン内のメイン道路

す。またオープンスペースの導入により、緑地帯が歩道と車道の分離を明確にすることで安全性が高まり、高齢者が注意をするのでなく、街の構造が安全に誘導するかたちになっています。このように景観のルールをつくることで、街が自然に溶け込むようになっていると同時に、各々の住民の領域が守られています。

街路の植栽に関しては、季節感はもちろんのこと、交差点まわりには変化を加えたシンボルツリーを植栽するなど、街路の場所的な特性と調和した植栽が行われ、また幹線道路は緩やかな勾配にすることで、自然の山の高さに応じた美しい線形を描いています。

また、3つの居住区のそれぞれに集合住宅の建設を予定し、家や庭の維持管理ができなくなり住環境をコンパクトにしたいと思った際に、戸建てから集合住宅へ住み替えができるような住戸計画が行われました。集合住宅への住み替えは、タウンにまた新しい住人を迎えることになり、都市から郊外への人の循環を促します。

［運営と現在の様子］

現在では550名を超える定住者と、100戸を超えるセカンドハウス利用者がここでの暮らしを楽しんでいます。住環境としては、文化教養娯楽施設および管理施設などからなるコミュニティセンターを中心に、住宅ゾーンやゴルフ場・秋月カントリークラブ、テニスコートなどのスポーツ施設が配置され、街を形成しています。

街の住民サービスの窓口の機能を持つコミュニティセンターには、総合病院や在宅介護支援センターと提携した内科や歯科クリニックが設けられ、在宅看護にも対応しています。また管理スタッフが365日24時間体制で常駐し、住民の暮らしをサポートしています。その他、食事処を併設した立ち寄り湯や温泉宿泊施設があり、また車で数分の圏内にはショッピング施設や生活利便施設が立ち並ぶ街並みがあるといった便利な環境です。

これらの施設管理や住民へのサポート体制にはじまり、催しや祭りの実行に至るまで、総合的な街の運営を企業が担っています。四季折々の自然の中で、住まい、健康、ふれあい、生きがい、仕事、安心、遊びの環境づくりを基本とする、高齢者の新しい生き方を創造するまちづくりがこれまで行われてきました。

3　ハッピーリタイアを過ごす合い言葉は「働・学・遊」

人は住みなれた場所から移り住むことができるのか

リタイアした人だけが集まる街が、果たして成立するのか。美奈宜の杜についても当初は、現代の姥捨て山ではないかとの声もありました。しかし、開発から20年以上が経ち、街も住民も成熟し、非常に良いコミュニティが形成され全国から多くの人が移住しています。シルバータウンは、郊外の自然の中で「働・学・遊」のコンセプトに基づき、人々が共通の空間や時間の中で暮らしを営むことによって精神性を構築するモデルとなります。

誰しもが住みなれた場所から離れることには抵抗があるかと思います。人はなぜ移動するのかを考えた時、過去の歴史を振り返ってみると、過酷な状況下において、人は世界中を移動してきました。疎開、移民（ブラジル、アメリカ、ドイツ、アイルランドなど）、食べるため、生活していくためなら人は移動するのです。

1 農業塾の受講生募集について考える

先日、「ふくおか農業塾 第3期生募集」という記事（「西日本新聞」２０１３年5月24日）を見かけ、考えさせられることがありました。

「ふくおか農業塾」とは、約2年間、月6～8回の講義や実習を実施し、未経験者も就農できる技能を身につけてもらおうというもので、農家の高齢化による担い手不足や休耕地の増加に対応する狙いがあります。市は「小規模な農業でも、団塊世代にとっては貴重な収入源。生きがいづくりにもなるのでは」と話し、団塊世代をはじめとする20歳以上の市民を対象に受講を呼びかけているそうです。

後日、その記事を団塊ジュニア世代の知人に見せたところ、定年を迎えたわけでもないから私には全く関係ない、といった反応。実際にも最近では受講生がなかなか集まらないようなのです。この状況から考えられるのは、その記事を読んでも、「それが『将来の自分』に向けられたメッセージだとは誰も思っていない」ということです。

例えば、「津波がくる、早く逃げろ」と言われたら、生死に関わる状況で逃げない人などいません。しかし、その募集記事を読んでも自分には全く関係がないと思うのは、現在の社会保障制度をはじめ、国が抱えている問題を客観的にしか見ていないからです。将来、生きることに関わる問題となれば、真剣味を帯びてきます。この募集記事を「この先、年金がもらえないかもしれない。そうなった時のために、自給自足で食料だけでも確保しましょう。さらにはその生産物を売って収入にしましょう」というメッセージとして受け取ると、様子も変わってくるでしょう。

２０５０年には総人口に対する65歳以上の割合が5人に2人となるような事態を考慮しても、さらに若い人の負担が増すことが予測されます。また、今の若い人の収入では高齢者を支えることはできないでしょう。仮に国が賃金収入をアップさせることで税金を上げる施策をとり、税収が増えたとしても、この5対2の状況では問題解決にはならないだろうと思われます。国がどうにかしてくれるだろう、いつか経済が上向くだろう、と当てもないものを信じていても何も変わりません。そして、現実に生活ができない、年金受給額が減り生活を営むことができない時が来たら、人は必ず慌てるに違いありません。食べることさえできない時が来たら、人は「働く」ことを望むでしょう。

しかし、危機になってからではもう遅いのです。このような状況下で求められる街とは、どのようなものでしょうか。

「住むと収入を得ることができる」そんな街が存在したら……。それを現実のものとするのが、自然溢れる田舎に住み、健康に暮らせて、収入を得ることのできる「シルバータウン」なのです。

少子高齢化に伴い、社会保障関係費用の負担が国家財政を圧迫しています。シルバーが社会保障を受ける一方通行の立場から、働くことで生産性を持ち、収入を得る立場へと変わっていくことが必要です。この本では、第三世代を中心としたシルバー世代が安心して暮らすために、「働く」ことの重要性と、社会の受け皿の必要性を唱えています。シルバー世代のこれからの行動に、子供たちの将来が託されているといっても過言ではありません。第三世代が「誇り」を持つと同時に、「先人として世の手本」となり、次世代の心に響くようリードしていくのです。

第三世代がハッピーリタイアを過ごすにふさわしい環境を備え、超高齢社会の受け皿としての役割を担うのが「シルバータウン」なのです。

2 まちに必要とされるもの

ハッピーリタイアを過ごすために、まず必要とされるのは自然の中での暮らしです。自然と共生するDNAのようなものを人間誰しもが持っており、人々は「自然の中で暮らしたい」と願います。農耕民族として集団社会を形成し生活を営んできた日本人の起源を考えても、自然との共生を望む気持ちは納得のいくところです。また、ふるさとに戻りたくなるのは、そこに馴染みを感じるからです。

次に、移動先には人々が望む条件が整っていることも必要です。物理的な条件では、

・遊べる場所と、働く場所がある街
・収入が得られる街
・学べる街
・自宅で死ねる街、その日を迎える街

精神的な条件では、

・都市の中で孤独になりたくない、仲間が欲しい
・健康になりたい（誰も病気を望まない）
・若い人に負担をかけたくない
・植物、水、田畑など地球に負荷をかけないものは、人間にも良い環境である

人々に老後の心配は何かを尋ねると、まずは「健康」、2つ目に「経済的なもの」が挙がります。健康でかつ、年金にプラスαで融通できるお金があれば、子供たちに迷惑をかけずに過ごすこともできるし、旅行に行ったり趣味に使ったりできるという考えから、統計では高齢者の平均貯蓄額は2250万円程となっています。

そして健康・経済の次に出てくる不安要素は、万が一体が不自由になった時の「介護」の心配です。しかし、この不安は、時系列に置き換えると、最期の日が迫ってくる頃の出来事であり、健康やお金の問題より漠然としています。漠然としているが故の不安から、貯蓄を趣味などに充てることをためらい、本来大切にされるべき「時間の使い方」、それに加えて「どこに住むのか」に関しても意識が低くなっています。これらを踏まえると、高齢者の暮らしにおいて大切なものは、次の5つに集約されます。

①健康 ②経済 ③ケアの保証 ④時間の過ごし方 ⑤環境

シルバータウンでは、まず健康と経済的安定の観点から、住民が1日4時間働くことで「健康」を保ち「収入」を得ることを考えました。就労することで社会の一員としての存在意義を感じることができます。そして働くことでメリハリが生まれ、「時間」を有意義に過ごすことにつながります。またその時間を過ごすための「学び」や「遊び」の環境と指導者をシルバータウンでは設けています。都心にはこのような施設が多く存在しますが、シルバーにはむしろコンパクトさが求められます。

住まいという観点からも、老後に合った住環境が整えられます。人々は、体に良い、緑・空気・水のある環境を求めて郊外の自然の中で暮らします。住居に関しては、住まう人の健康を考えて、温度や湿度に配慮した家づくりを行います。集合住宅が中心となりますが、戸建ても2〜3割程つくります。戸建て住居に関しては、建物を100年にわたって長く使用でき、世代間で継承できる木造設計とします。さまざまな人や家族が入れ替わりながら同じ家に住み続けることを可能にするためには、住み手の感性やニーズに合わせて間取りを変化できる可変性が必要であり、住人のライフスタイルに応じて自由に空間を仕切ることのできる美しい木造住宅を提案していきます。高齢者＝バリアフリーやケアの効率化、といった従来の決めつけられた定義ではなく、シルバーにとっての住みやすさを追求した住まいづくりを目指します。また、ケアの面では、外部の総合病院や在宅介護支援センターと提携したクリニックを設置することでサポート体制を整えます。

4　シルバータウンで電気をつくる——第一の計画「1%のエネルギーづくり」

100タウンに暮らす10万戸の人々

1 住まうことで健康と収入を得るまちづくり

先にも挙げましたが、第三世代に老後の心配は何かを尋ねてわかること——それは一番大切なものが、一にも二にも「健康」に他ならないということです。人は健康であれば、自由に動くことができ、働いて収入を得ることができます。同時に、適度な労働が健康をもたらすともいえます。

住むことで健康になり、収入を得ることのできる街、シルバータウン。それは1日4時間働くことで、年間180万円の収入を得ることができる街です。福島での原発事故がきっかけとなり、第三世代が太陽光発電による自然エネルギーづくりという労働の場を得ることができることに着目しています。シルバータウンに住めば、太陽光発電という高齢者にもできる仕事に就くことができ、そのエネルギーを売電することで収入を得ることができます。また、そのエネルギーの源が太陽光であるということは、シルバータウン、そしてタウンでの暮らしが半永久的に続くことを意味します。

「田舎の自然の中で健康を維持し、住むことで180万円の収入を得ながら幸福な生活を送る」——そのような街が存在し、そこに「住宅を何千万円かで買うのではなく、100年の支払いで住民が替わりながら住み続ける」というように経済的負担がなく住めるとしたら、シルバータウンは人々の希望の街となることでしょう。

浄水通りのまちづくり（当建築研究所が５棟を設計）

2 シルバータウン計画の概要

［シルバータウンへの投資］

シルバータウン計画は、１０００戸の集落として１タウンが成立し、最終的にはこの規模のタウンが全国に１００カ所できると、計10万戸の人々がシルバータウンでの豊かな暮らしを営むと同時に、年間総発電量の１％のエネルギーづくりを達成するというものです。開発においては、この計画に対する社会の理解を深めることがスタートラインとなります。例えば、シルバータウンのシナリオが、実在する「美奈宜の杜」をモデルにドラマ化されるなど、映像化されることでタウンのイメージを広域に伝えることができるかと思います。また早急にこの事業計画を進めるために、既存の開発地、例えばゴルフ場を利用したり、道路脇の集落をいくつか統合するなど、一から開発を行うのではなく既存の状態に手を加えることでタウン建設場所を確保し、その際、自らが設計した「浄水通りのまちづくり」を活かすことができればと思っています。基本は集合住宅とし、それぞれの集合住宅の建物距離＝間《ま》を開け、さらには5～8階建て、15～25ｍの高さにすることで、周辺の自然と融合した住環境が生まれます。まずは「そこに住みたい」と人々が思えるものにすることが大切です。

計画では、社会の気運が高まるよう、まずはモデルケースとして全国に5つのシルバータウンを完成させます。なお、タウン建設中にも、太陽光発電を行って収入実績をあげ、社会に「シルバータウンは現実だ」という実感を持ってもらいます。さらにモデルタウンに人が住み始め、街が成立していることを社会が認識するようになれば、「そのような街が存在し、そこには幸せな暮らしがある」と、シルバータウンへの入居を希望する住民候補者が後を絶たない状況に発展していきます。また、全国に２０００カ所程あるといわれる過疎の町が、「自分たちの町をシルバータウンに」と手を挙げるなど、市町村の協力を得ることで、さらなるタウン開発の拡大が可能となり、広大な土地を要するタウン建設地や太陽光発電場所となる耕作放棄地の確保も円滑に進められるようになります。老後を安心して豊かに過ごせる魅力ある街の実態を通して、シルバータウンは社会全体に広がりを見せます。

このように、ミニマムな投資からスタートし、徐々に実績を積み重ねていくプロセスの中で方向性を社会に明確に示し、最終段階で一気にマキシマムな投資を実行します。シルバータウン建設は、これまで示されることのなかった、超高齢社会における、第三世代を中心としたシルバーの生活の在り方を具現化する事業です。それは、人間としての生き方の提言となるだけでなく、高齢者人口の増加による年金などの社会保障問題を改善するとともに、１％分の燃料輸入費を節約することとなり、震災以降解決されていないエネルギー問題を解決する糸口となることを目的としています。その波及効果、規模を考慮しても、公的資金を投入するに値する大規模公共事業の類であるといえます。太陽光発電により、まずは年間総発電量の１％の達成を目指します。太陽光、風力、地熱などの現在の自然エネルギー総生産量は全体発電の１・５％程なので、１％の達成というのは凄いことなのです。

［制度疲労］

今、先進国の中で、国家が発展するための原動力でもあった「制度」そのものが疲労し、国家の衰退が起こっています。政治、経済、法律が運用される中、一方で社会状況が変化していることで、それぞれの目的と実状との間にズレが生じ、またそれらが相互にうまく機能できていない状態に陥っているのです。この状態を今後どう変えられるか、ということが、日本の将来を大きく左右します。バブル以後の20年、我が国の成長は停滞してしまいました。全国民が幸せを感じることのできる進歩的な状態に再び戻さなくてはなりません。

先進国の中で公的債務の対GDP比率が最も高い我が国は、債務軽減のための早急な対策を必要としています。一般的には、①経済成長で借金を返済する、②デフォルトして負債を整理する、③インフレーションを起こす、の3つが考えられます。しかし、デフォルトして負債を整理することは投資家＝国民の痛みを伴いますし、市場操作をしてインフレーションを起こしても、借金額が小さくなるのは表面上だけのことで、根本的な解決には至りません。安倍政権下においても、この原則に従うように「金融緩和」「財政出動」「成長戦略」の3つを柱として、金融を刺激し、財政資金を公共事業や今後の成長が期待される分野に投入する経済政策を実行しています。しかし、政策がうまく行かず、経済成長が実現できなければ、さらに借金は増えることになります。今の停滞した経済状況においては、成長や景気回復を求めてアクセルを踏むよりも、これ以上の債務を増やさないようブレーキをかける策を為すべきであると考えます。

［具体的対応策］

そこで具体的な対応策として次の2つを提案したいと思います。

①シルバー世代を雇用し、1日4時間働き収入を得ることのできる場を設け、社会保障を見直す。
②農地を利用した循環型の太陽光発電事業を実行し、流れ出る外貨を止血する。

既存の制度や法規制は簡単に変えられるものではないからこそ、エネルギー問題の解決が求められている今がそのチャンスなのです。今、「エネルギー」という大きな課題を前に国家が方向性を明確に示すことができれば、社会そのものを根本から変革できるのです。

大規模な事業は、巨額の資金と多くの支援協力を必要とします。同時に投資のリスクもあります。しかし、現に実在する資源や力を最大限に活かす策であればどうでしょうか。我が国の財産ともいえる「水田」、そして「シルバーの労働力」をもって、制度を根本的に変えることができればと思います。その先には、革新的な社会、投資規模に準じた経済発展を実現できることでしょう。膨大な開発投資は国家予算を上回る額であり、簡単に投資できる額ではありませんが、建設国債という循環型資金を投入することで、開発過程における波及効果を期待でき、国に資金が償還される仕組みが成立します。またエネルギー資源を持たない我が国は、外交においてこの部分を弱点としてきました。しかし、自国のエネルギー源を持つことができれば、その影響力は国内に留まらず諸外国との交渉においても、今後良いかたちで表れてくるでしょう。

ここからは、対応策として提示した2つを具体化したシルバータウン計画について詳しく述べていきたいと思います。

3 シルバータウンの仕組みとお金の流れ

まずは住民1戸当たりの視点から解説していきたいと思います。

[シルバータウン居住の仕組み]

①開発資金の流れ

モデルケースとして建設されたシルバータウンが社会に浸透し、みんなの住みたい、暮らしたいという希望が根づくようになれば、開発発表と同時に住民が集まり、デベロッパーが参入しやすくなります。シルバータウン開発事業は、公募により選ばれたデベロッパーがそのタウンの企画・設計を行います。土地代、住戸や街の施設に関する建設費には、国が発行した建設国債による資金が投入されます。開発スタート時に、まずデベロッパーが国から資金を調達し、シルバータウンが発足すると、シルバータウンも国から資金を調達します。一旦、シルバータウンはデベロッパーに対して、これまでの開発にかかった総費用を支払います（図2－2上部右側）。

②居住利用権とその支払い

住民はシルバータウンから、3000万円の居住利用権を購入することによって、タウンに住むことができます。その費用の内訳としては、建築費1700万円、土地費・造成費・上下水道など設備費・環境費・その他経費1300万円です。しかし3000万円となると、住宅を購入する費用とさほど変わらなくなってしまうので、住民に負担がかからないよう工夫をしています。それは、費用を100年間で支払うという方法です。年間の支払い額にすると30万円になります。この「100年の支払い」というのは、ひとつの住戸に対しての入居者は代わっていきますが、その複数人で3000万円の利用権を100年かけて返済するというものです。別途管理費と合わせて月々4万円程をシルバータウンに支払っていけば、タウンに居住することができる仕組みです。さらに住民が支払いを心配することがないように、太陽光発電に従事することで年間180万円の収入を得られるようにします（図2－2下部）。このように働くことのできる環境づくりを実現することに、シルバータウンの重要な役割があります。

③シルバータウンを介して国に償還される住居・共有施設建設費

シルバー世代の自立と豊かな暮らしを目的とした事業開発資金は、移り変わる住民を管理しているシルバータウンを介して100年をかけてゆっくりと国に戻っていくことになります。また、この4万円の居住利用料の支払いの元となるのは電気エネルギーの売電収入によるもの、つまり電気料そのものです。売電した電力は国民が使用し、電気料として社会全体が「公平」に負担することにより、建設国債で投資を行った国に資金が100年をかけて償還される仕組みとなっています(図2－2縦中央部)。

④就労年数に応じた保障

住民収入の公平を保つため、労働が不可能となった後の収入は、働いた年数に応じて支払われることとしています。

■図2－2　シルバータウンのまちづくり

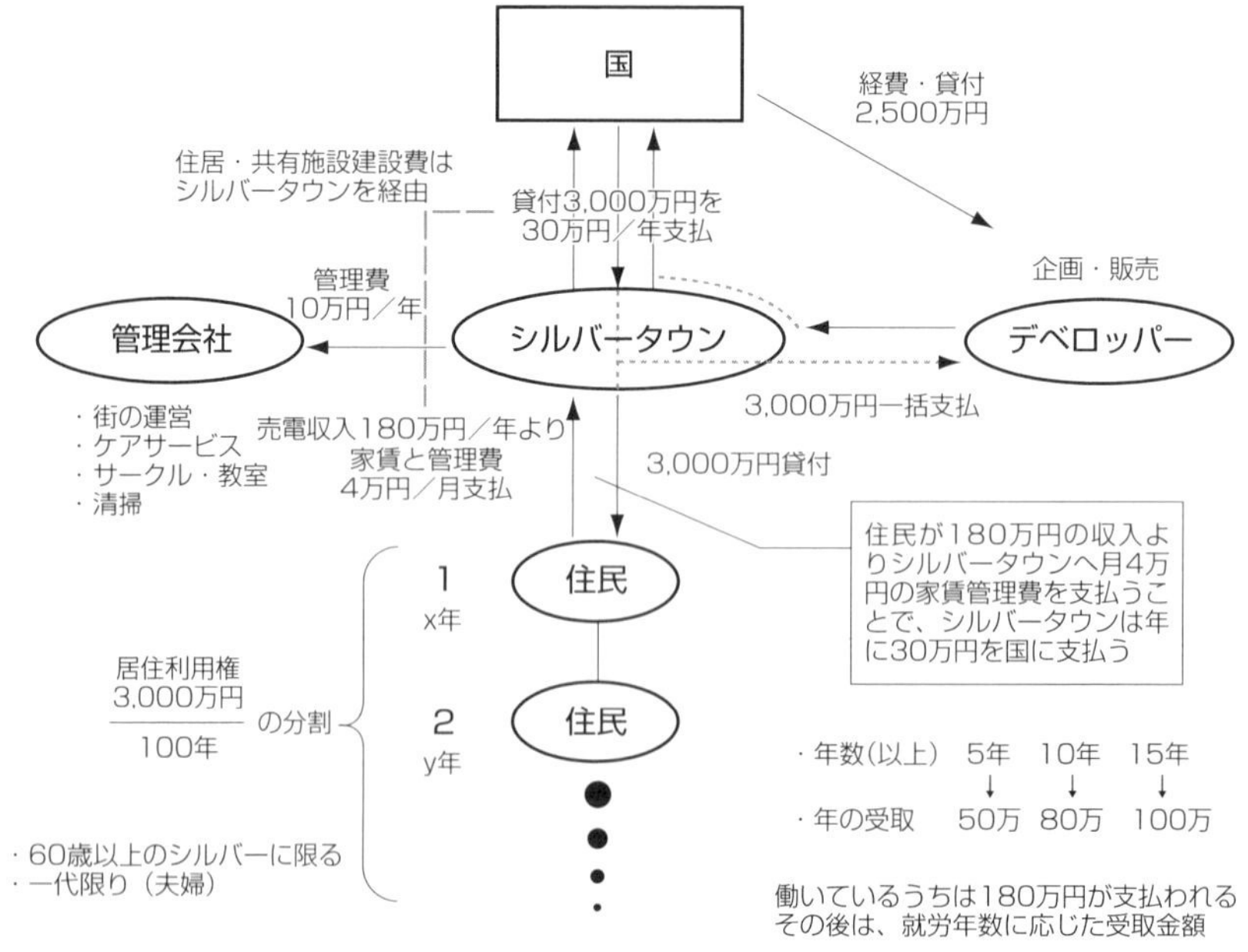

・5年以上↓50万円
・10年以上↓80万円
・15年以上↓１００万円

例えば、５年働いた場合、その間は年間１８０万円が支払われますが、それ以降、最期の日を迎えるまでの期間は年間50万円が支給されるものとします。働くことができなくなっても、タウンに居住する権利を得ている間は、住民は50万円の収入を得ることができます。

⑤入居資格

タウンへの入居ができるのは60歳以上の高齢者とし、居住の利用権利は子や孫の代には引き継がれず一代限りとします。なお、世帯主の夫の死後、居住権利は妻までとし、収入も受け継ぎます。

［タウン運営と太陽光発電事業］

タウンおよび太陽光発電事業の運営は、シルバータウンから公募で選ばれた管理会社に委託されます。その委託費は１戸当たり年間10万円となり

■図2－3　1％の電気づくり

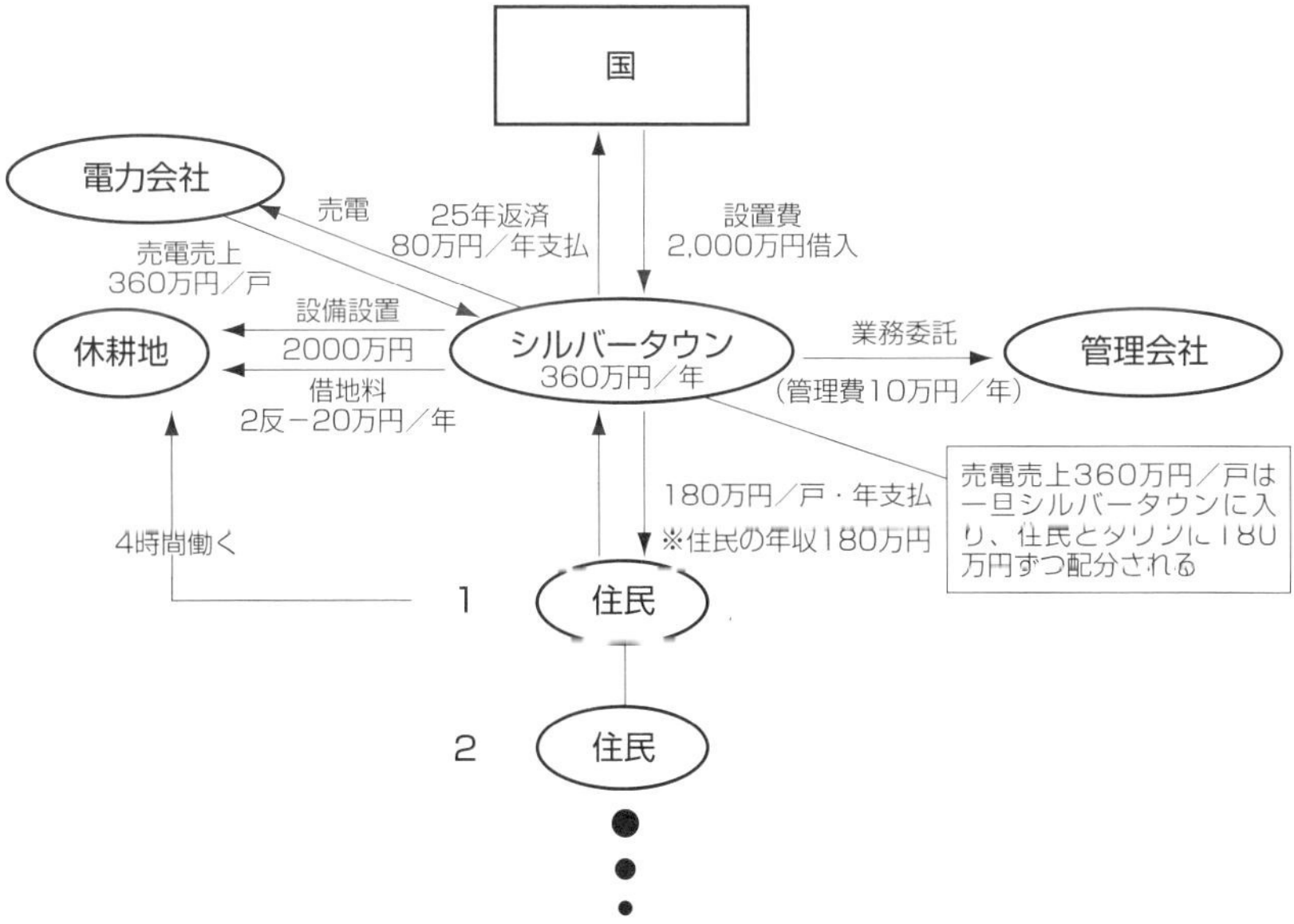

ます。その運営の内容としては、住民サービスの窓口としての総合管理施設やクリニックの運営、学びと遊びのための文化的な教室やイベントの開催、街の景観管理や清掃、太陽光発電に関する事業全般など総合的なものとなります。クリニックは総合病院や在宅介護支援センターと提携することで在宅看護にも対応し、総合管理施設には管理スタッフが365日24時間体制で常駐し、住民の暮らしをサポートしています（図2－2、図2－3管理会社）。

⑥太陽光発電設備費

太陽光発電に関する設備費は、既存の太陽光発電を参考にすると、100kWh発電当たりの発電設備投資額は26・2万円なので、1戸当たりの年間発電量10万kWh（後述）の発電設備費は約2600万円となります。国の政策としての資金圧縮を考慮して、1戸当たりの設備費を2000万円と見積もります。タウン建設における資金の流れと同じく建設国債より資金調達され、売電した電力についても、国民が使用し、電気料として社会全体が公平に負担します。なお、「住居・共有施設建設費」に関しては、その返済期間を100年としていますが、太陽光発電設備ついては、25年の償却とします（図2－3上部）。

⑦場所

発電はタウン内およびタウン近隣の耕作放棄地を所有者より定期借地して行います。

⑧売電売上

住民によって生産された太陽光発電による電気エネルギーは、売電すると1戸につき360万円となる仕組みです。この売上は一旦全額シルバータウンに入ります。そこからまずは半分の180万円が住民への報酬として分配され、残りの180万円がシルバータウンに入ります。シルバータウンは、設備費の国への償還費2000万円／25年＝80万円、管理会社への委託費年間10万円、地権者への地代年間20万円などの必要経費を支払い、残高は積立金として、働くことができなくなった住民が出た場合にその労働力をタウン外部から補うための人件費や、改修費などに当てられます（図2－3）。

4 年間総発電量の1％を達成するためには

［1タウン事業運営］

年間総発電量の1％のエネルギーをつくるために、どのようなものがどれくらい必要になるのかを、前述の1戸当たりの単位を基準として、1タウンという規模に拡大し、解説していきたいと思います。目標としては、現在の日本の年間総発電量は約9000億kWhなので、1％の達成では90億kWh相当の発電量の創出を目指すことになります。

①1タウン管理面積および発電量

既存の太陽光発電を参考にすると、遊休地設置時に210坪の面積で約5万kWhの発電量があるので、ここでは敷地内通路やパワーコンディショナなどの関連装置設置スペースの確保を考慮し、300坪＝1反当たりで5万kWhの発電量を持つとします。

180万円の住民収入を考慮しつつ、1戸につき2反の太陽光発電面積を管理するとすれば、1戸当たり年間10万kWhの発電量を管理することになります。電気事業連合会によると1世帯当たりのひと月の電力消費量は300kWh前後と報告されていますので、1戸の発電量で年間30世帯の電力を賄うことができます。

また、1つのシルバータウンの規模を1000戸とした場合、1タウンの管理面積は2反の1000倍の2

000反＝200町、年間発電量は10万kWhの1000倍で1億kWhになります。

②1タウン開発費用

・太陽光発電設備費

1戸当たりの設備費を2000万円と見積もると、1タウンでは200億円の投資となります。

・住居・共有施設建設費

1戸当たりの建設費は3000万円としていますので、太陽光発電設備費2000万円と合わせると、1戸当たりの投資額合計は5000万円になります。1タウンの総開発費で考えると、500億円になります。

③1タウン売電収入

住民1戸当りにつき、年間10万kWhを売電するので、買取価格を36円（kWh当たり税抜、平成25年度買取価格）とすると、年間360万円の売電売上となります。360万円の売電売上は一旦全額シルバータウンに入り、そのうちの半分の180万円が住民に、残りの半分の180万円がタウンに配分されます。なお、分配前の1タウン当たりの売電売上としては36億円となります。

[全国100タウン事業運営]

次に、シルバータウン建設を全国100カ所に広げたとします。1タウンの年間発電量は、先に1億kWhとしましたので、100タウンの年間発電量は100億kWhになります。

年間総発電量の1％は90億kWhなので、この100億kWhは目標値を超えていることになります。したがってシルバータウンが100カ所できれば、発電量の1％を達成することができます（数字上では、年間総発電量の

1%＝90億kWhなので、タウン数を100とするならば、1タウン当たりが9000万kWhを発電すればよい)。さらには100タウン10万戸の売電収入は3600億円となり、全国に10万人以上の雇用を創出します。なお、この計画では2万町の耕作放棄地を必要とし、全耕作放棄地の5%を利用することになります。

シルバー世代が年間総発電量の1%の創出を達成すると、次世代に精神的に与える影響も大きいでしょう。世代間負担と将来の自分たちの年金資金としての積み立てが二重負担になっている次の世代も、老後のイメージが定まります。第三世代が中心となり、定年後にも働くことで国の経済を助けているという実例は、若い人たちからの信頼を呼び、世代間の共感が生まれます。シルバータウンに暮らすと、いかに生きていくか、生き甲斐をどこに見つけるかがわかるようになり、1人目、2人目、3人目とタウンの住居や施設設備を繰り返し使っていく中で、互恵で人と人とが結ばれて街が出来上がっていきます。収入を得ることのできるシルバータウンの存在意義はとても重要なものです。私は、このシルバータウンの取り組みを、段階的に実行することを提案したいと思います。その過程において日本が互恵主義でまとまっていくことになります。

5 「働」について

美奈宜の杜での「労働」は、食べるものをつくる＝農業を意味し、米・野菜・味噌といった食糧の自給自足を目的としていました。その「働」が「農」であれば、自分の食べ物となり、またこれも経済といえます。

しかし近年では、少子高齢化社会となったことによる、日本の社会保障の図式崩壊が現実のものとなろうとしており、さらには福島での原発事故以降、自然エネルギーへの転換の必要性が唱えられるようになりました。

これらを契機とし、シルバータウンに住み、その生活圏内の耕作放棄地を利用して年間総発電量の1%をつくり出すことを目標に、太陽光発電による自然エネルギーづくりを行う計画を提案します。シルバータウンにおける労働とは、エネルギーをつくる＝エネルギー産業を意味します。

住民の就業場所はタウン内もしくはタウン近隣の耕作放棄地となります。そこで太陽光パネルの設置、発電力が減退しないための定期点検や測定結果のデータ管理、パネルの掃除、雑草除去などのメンテナンスを行います。電気に関する基礎・専門知識や蓄電するための知識の習得を必要とするため、住民は運営企業によって準備された、講習および現場実習のプログラムを受講します。太陽光発電設備は工業製品であり、メンテナンスをしながら長く使っていくものです。故障の発見を遅らせることのないよう、定期点検業務が中心となります。

働くことにより人は収入を得ることができ、また、ものを深く知り、日常を工夫するようになります。現役時代の半分の4時間働くことで健康を保ち、収入を得ることができるのです。今後、国家の財政不安により仮に年金給付が行き渡らない状況になった時、それに匹敵する収入を得ることが可能となります。働くことで収入を得、かつ健康であることは、社会保障費を節約することにもつながるのです。

「働く」ということが、すべてにおいて基本となる健康の源であるという概念は今も昔も変わることはありません。第三世代が「働く」ということは、健康と経済的安定をもたらすと同時に、有意義な時間の使い方ができるようになります。つまり、安心した老後を暮らす上で大切な「経済」「健康」「時間の過ごし方」を満たすことになります。さらには、社会に貢献しているという自らの存在意義を感じ、精神的な充実をもたらすことにも「働く」ことの重要性が見受けられます。

6 「学」について

シルバータウンでは、定年後の健康な生活を送るに当たり、「働・学・遊」のコンセプトを掲げています。

「働」は先に述べた通り、健康と経済的な要素を満たすものとなりますが、それだけでは十分であるとはいえません。人間のさらなる成長のために学びを取り入れます。

「学」とは何か。ユネスコ21世紀教育国際委員会報告書『学習――秘められた宝』では、下記のように提言されています。

①知ることを学ぶ（learning to know）
②為すことを学ぶ（learning to do）
③共に生きることを学ぶ（learning to live together）
④人間として生きることを学ぶ（learning to be）

「善い人になる」――これが学ぶことの最終目的であると思います。「素直になる」――今を大切にし、自己を知的に向上させながら、その一方で自己を知ることで世界と共鳴していくプロセスが「学ぶ」ということなのです。松下幸之助の好きなことばも「素直」でした。他者、他物になりきり、人の話に耳を傾けるということが素直の根底にはあります。わかったと思ってそこで終わるのではなく、常に学び続けていくことが重要です。「学」は永遠に続いていきます。

そして、「知る」「深める」「幅が広がる」。その課程において学ぶことの楽しさが生まれます。このように「学」は「遊」へとつながるのです。学ぶということは教養・知識に留まりません。また、底辺を長く、高さをより高くすることで三角形の面積全体も大きくできるように、底辺にある教養の部分の土台が大きければ、そこから上へ伸ばすことも、下へ掘り下げることもでき、学びの幅は広がっていくのです。

評論家の草柳大蔵は、著書の中で「人生に五計あり」とし、5つの計（生計、家計、身計、老計、死計）の中の「老計」について、美しく老いるためには、美しい雰囲気が必要であるとしています。

「顔に光を持ち、目に色を湛え、唇に詩を乗せ、背筋に流れがあり、足許に清風が立つ。颯爽や新鮮とも違

う」（草柳大蔵『花のある人　花になる人』グラフ社、2001年）

学ぶことによって、この美しい雰囲気が漂うようになるのです。

また、タウンでは第三世代が今まで培ってきた社会経験を活かし、有識者としてそれを必要とする他者に還元し、さらに発展させていきます。自らが人に教え、人に学びます。相手の立場や言っていることに耳を傾け、知ろうとする行為から、相手のことがわかり、こちらのことも伝えることができます。お互いの立場がわかって歩みより、目的や目標が達成されるのです。

先に示した「和田レポート」は、第三世代の精神的な哲学として書かれたと同時に、シルバーをより深く知るためのものでもあります。

7 「遊」の本『風流暮らし——花と器』

里山での週末の暮らしを7年間続け、その生活風景を綴ったのが拙著『風流暮らし——花と器』です。友人知人約200人に郵送しました。そのうち、約半数の方から手紙やメール、電話などでお返事を頂きました。反響の大きさに驚いています。

この里山での生活は、リタイア後の生活の指針のひとつである「遊」の実践の場でもありました。「自然の中で美しく暮らしたい」昔からいわれる晴耕雨読とは本質的に異なり、清貧の教えでもないし、悠々自適を意味するものでもありません。日頃の生活の中に「美」を取り入れた生活、柳宗悦が説く「用の美」を愉しむとでもいえば近いかもしれません。生活に深みを実感できるのです。何でもない日本の何処にでもある里山の四季、稲の緑などを写真に切り取ると、やはり里山の田舎は美しいと思います。本書の表紙カバーの緑が現しています。

『風流暮らし』では里山での暮らしを、写真を中心にまとめています。「遊」を文章で伝えるのはなかなか難しいので、まずは写真を主としたこの本を出版しました。羨ましい生活だとよく言われますが、私は里山での暮らしを実践の場として考えています。遊びにもガイドが必要です。例えば、登山を始めようとする時、いきなり登るのは危険ですし、不安になります。そんな時、山を知る人に付いて登れば安心して経験を積むことができます。それと一緒です。また、『風流暮らし』では生け花を紹介していますが、生け花を愉しむためには事前の段取りや稽古が必要です。その学習が「学」につながっていくのです。

私が週末を過ごしている佐賀県三瀬村の井手野の集落は27世帯です。住民は農業と林業に携わっています。しかし高齢者が多く、後期高齢者の村でもあります。農業をしている人は80歳代が最も多く、この方々が1世帯4町歩もの田を耕し、稲作をしています。その土地に合った稲作ができるよう、お互いが元気なうちに作業を学ぶことから始まります。実際に手伝いをすることで生きた学習ができるのです。水の管理、田植えや稲刈り、機械の操作、手入れなど。このように3年ほど続けることで概ね学習できるのです。何よりも実学が中心となります。このような体験と準備があれば、シルバータウンでの生活をさらに愉しむことができるのです。

このように『風流暮らし』は、「遊」を体現しています。誰もが羨む、自然の中の幸せな暮らしです。まずは実体験を伝え、国や国民の気持ちの在り方を変えることが肝要と考え、この本を出版したのです。

8 「遊びながら学ぶ」を実践した灘校・橋本武先生の教え

国内屈指の進学校である私立灘中・高校で、「伝説の国語教師」と呼ばれた先生がいます。その人の名は橋本武先生。彼の授業は、中勘助の『銀の匙』という1冊の本を3年間かけて読み込むというものでした。単に精読するだけではなく、本の内容を追体験することに重点を置き、登場人物が駄菓子を食べる場面では生徒にもそれを食べさせ、また凧を揚げるシーンがあれば生徒に凧づくりを体験させました。生徒たちは自然と、授業に没頭していきました。橋本先生は、遊びながら学べば、学ぶことを好きになるということを知っていたのです。

このように、興味を持ったことをきっかけに気持ちを起こしていって、自らで掘り下げていく過程には楽しさがあり、それはまさに遊ぶ感覚であり、遊ぶと学ぶは同じであるということをこの授業は体現しています。

生前の橋本先生のことばに次のようなものがあります。

「自分がやりたいことをやる、ということが大切。自分が好きなことをどんどんやりなさい」

9　シルバーにとってのハッピーランド

1 シルバータウンが社会のコモンズとなる日

シルバータウンの位置づけが「コモンズ」となる日が実現できればと思います。人間としてお互いが助け合う「互恵主義」の街、「働・学・遊」のまちづくり、それは現代の都市にとっての「コモンズ」となるでしょう。

中世ゲルマン社会には、封建領主や大地主の支配権が及ばない「コモンズ」と呼ばれる土地が各地に多数残っていました。コモンズとは、コミュニティ＝共同体社会の成員の誰もが使用できる共有の牧草地でした。コミュニティ構成員全体の利と、長期的な牧草の供給確保のため、その将来も考えながら全員で使うことがコモンズのルールとなって自然に定着しました。より豊かな社会をつくり上げるための最も基本的な条件のひとつは、個人レベルの豊かさのみを追求するのではなく、コモンズのように共通の空間や時間を、お互いの立場を思いやりながら培っていく精神であるといえます。人間社会を支える普遍的なルールは「思いやり」と「助け合い」、つまり「友愛と互恵」の精神なのです。その原点から考えれば、「互恵」を精神的主軸とした超高齢時代におけるシルバータウンは、まちづくりのモデルとなることでしょう。

シルバータウンは、人口の膨れ上がった都市と郊外のバランスを保つため、都市の共有地として位置づけられます。そのタウンは、シルバー世代の住まいとなり、また働いて健康になる場所であり、自然エネルギーをつくることで収入を得ることのできる街です。人々がその日を迎える準備を行う街として、社会に役立つまちづくりとなるはずです。誰かの世話になることなく皆で助け合い、人の運命を受け入れる街。シルバータウンを人生の集大成の街として位置づけ、都市にとって必要なコモンズ＝共有の場所となることを目指します。

姥捨山や「楢山節考」は、家族に迷惑がかからないようにする人減らしの話ですが、親の愛情や先人の知恵の大事さを説く話でもあります。いかに生きていくか、生き甲斐をどこに見つけるか、これらの問いに答えるシルバータウンの存在が、次の世代にも安心感を与えます。

シルバータウンでは、高齢者の知恵や労働も社会全体の共有財産であると位置づけます。「自然の中で暮らし、働き、学び、遊ぶことができるコモンズがそこにある」。都市においてシルバータウンづくりは、単なるケア施設をつくること以上に必要となるでしょう。これからの社会の構造において見えてくるシルバータウンは、まさに現代の「コモンズ」なのです。

若い世代に仕事を譲り、のんびりと過ごすことができる街。

働くことが直接福祉につながる街。

そしてシルバータウンが楽しい輝ける街となり、そこでシルバー自身が、病気にならない、ケアを必要としない、生活保護を受けない生活を送ることが、社会が求める福祉につながります。そこでの暮らしそのものから、人との互恵による「互いを信じる」という生き方を学び、次世代の若い人たちに深い影響を与えていきます。子供たちが親に会いに来る、孫たちが遊びに来る、友人が訪ねてくる生活は、最高に幸福なものとなるでしょう。

2 都市の近くにつくる憧れのシルバータウン

人々に定年後、どこで過ごしたいかを尋ねると、その意見は、都心と田舎、ちょうど半々に分かれます。都心のケア施設などは身体の自由が利かなくなった後のケアを中心としていますが、ケアを必要としない健康な身体づくりのできる環境こそ重要であるという考えに基づいているのが、郊外のシルバータウンでの暮らしです。医療費や介護費の一部を国家が保障することが社会保障の概念のようになっていますが、その前の段階の、病気にならない、ケアを必要としない、シルバーが自立した生活を送れるように促すことこそが、本来の福祉の在り方ではないかと思うのです。まずは人々が健康に暮らすことのできる条件・環境を整えた受け皿をつくることで、そこに人々が集まり、街が形成されていきます。

暮らしやすい街には、さらに人やものが集まります。そこに集まる人々が街を発展させていくのです。1000戸が集まれば、生活に必要な機能・設備が整い、街が誕生します。また夫婦2人であれば、2000人が移動することになります。しかし「みんなで暮らす街」「長く住める街」でなければ人は動きません。そこに仲間がいて、生活に密着した利便性、文化、教養があって初めて人が動き、都市の機能がシルバータウンへ移っていくのです。それらの条件が満たされ、人々がそこで住み始めると、そのうちに必要とされる機能と無駄なものとが選別され、次は独自性を持ったコンビニエンス機能が生まれ、ひとつの街として成熟していきます。

都心には、生活に密着したものから文化や娯楽までさまざまな施設が整っていますが、シルバーにとって必要なのはむしろコンパクトさです。現代は、航空や鉄道、高速道路など交通網は発達しており、郊外が都心に整合していくのは難しいことではありません。このように郊外型のシルバータウンは、都市部の衛星的な役割を持ちます。歴史を振り返ってみると、産業革命時のイギリスは雇用の場である都市に人口が集中し、さまざまな弊害を抱えていました。当時の建築家エベネザー・ハワードは、このような状況を危惧し、職住近接型の緑豊かな街を都市周辺に建設する「田園都市」構想を提起しました。当初は夢物語として扱われましたが、ハワードは実際に着工、住民を集め運営を軌道に乗せました。今回提案するシルバータウンも、住居と職場とを同じ場所につくり、郊外への人の流れを促します。

また、そこに暮らすそれぞれが培ってきた社会での経験や知識を、必要とする他者に還元し継承することで、文化が育まれます。自然がもたらす土・水・空気・緑などの良い環境は、健康づくりにも良いとされており、そこでは心身ともに健やかに暮らすことができるのです。

人々が行き交うシルバータウンは限界集落にはならず、風土に見合った文化を形成し、個性的な街として発展します。そして全国的にタウンが形成されることで、街同士が互いに相乗効果を発揮し、ネットワークを形成していきます。タウン間の横のつながりは街の外部との接点となり、住人に人間としての成長をもたらすでしょう。

個が社会に埋没してしまう時代、シルバータウンには、シルバー層だけでコミュニティを形成するのではなく、世代間の交流を可能にする役割が求められています。また、住む人一代限りの使いきりの街ではなく、100年かけて次の、そしてまた次の世代へと継承され、世代間で利用できる現代のコモンズにならなくてはなりません。

週末に子供や孫たちが訪れたり、必要に応じて都心に出かけたりと、都市とシルバータウンは互いに働きかけます。物理的にはもちろん、精神的にもリンクするのです。

また、精神的豊かさと経済的豊かさを持ち合わせたタウンの構造の中でもうひとつ重要なことは、定年後も働いて収入を得、住居・共有施設の使用対価の支払いをすることで、開発時に建設国債の発行によって資金調達された資金は国に償還されていくということです。この街を繰り返し使って、建設に要した費用を100年かけて返済していきたいと考えています。赤字国債では投資した資金は戻りませんが、建設国債で投資するのであれば100年で元金を戻すことができます。現在の建設国債は60年経つと元金が戻る仕組みです。これを100年で戻していきます。返済期間100年は長いですが、ゆっくりと返済することが、国民や日本経済にとって赤字国債の発行よりも良いことであると考えます。なお、太陽光設備に関しても、投資された資金は25年でタウンから国へ戻されます。共同体を介して国民と国との結びつきを形成していくことも、シルバータウンの役割です。

3 第三世代の暮らしと社会における立場 ― 東日本大震災の被災者の姿が世界に伝えたもの

シルバータウンでの暮らしは、「働・学・遊」のコンセプトのもとに成り立っていますが、精神的なところでは、互いに助け合うことが重要であるとし、「互恵主義」が中心となっています。第三世代が経験してきた伝統的な日本人の暮らし、姿勢そのものが哲学となり、その心は子供や孫たちといった次世代にも伝わり継承されていきます。

現代社会は何事においてもボーダレスであり、その時々の瞬間の出来事が政治に大きく影響します。世界的には今、中国やアメリカが世界を動かす鍵を握っています。世界のバランスの指標として為替が存在し経済の均衡を図るように、自国の精神の均衡化が求められています。例えば、ボーダレスな時代、世界を股にかけて活躍する人が国籍を保持することで、どこにいようとも自分自身という存在意義や民族性を感じるように、国民が共通の哲学をもって平和を願えば国の求心力は高まるのです。

シルバータウンの住人の中心となる第三世代は「友愛と互恵」の精神を持って暮らしていきます。東日本大震災後、被災者および国民は「絆」を合い言葉に復興を目指してきました。苦難の状況下においても、人や店を襲わない治安の良い街としての日本、その日本人としては当たり前の姿が世界中で感動を呼んだように、常の暮らしを通してこそ伝わるものがあります。今後は第三世代の暮らし方を通して、世界が認める日本の立場が形成されてゆくのです。諸外国は日本に対して、外交における国家間のクッションのような緩和役という認識を持っています。つまり、世界の平和を維持することができるのが我が国である、といえるのではないでしょうか。

衛星都市のシルバータウンでは友愛と互恵の精神を主軸に、

「働く」——働くことで健康になり自立します。

「学ぶ」——自然や歴史から学ぶことで人として成長します。

「遊ぶ」——学を具体化することで深みが増します。

私にとっての「遊」は生け花です。自然に学び、自然に遊ぶことが、穏やかな暮らしにつながります。そこにある暮らしに「美」が介在することで文化が深まり、街が美しさを備え、それが景色となります。地中海のように、古い都市や建物を美しく整えることに暮らしの美があります。そして、美は暮らしの真価を高めます。「暮らし」そのものが何であるかが問われています。

10 福祉を受ける側から自立する「働」への変化

1000戸から構成される一シルバータウンでの暮らし方が、3000万人のシルバーに影響を与え、大きな流れとなるでしょう。3000万人のシルバーと社会の関係を考えた時、増え続けるシルバーたちが平和に暮らすためには、治安や秩序が保たれた「国家」の安定が前提として不可欠です。国が乱れてしまえば、「個人」の幸せは得られません。ゆえに、高齢化問題を国家における課題として捉えることが必須となります。ここではシルバーの生き方の中心に、互恵主義を置いています。互恵主義は、お互いの心をつなぐ求心力となります。個人の救済を求めるキリスト教や仏教といった宗教とは異なる視点です。

超高齢社会になった現代において、3000万人を養う国の決心が伝わってきません。そして、もし貿易赤字が今後も続くようであれば、諸外国に対する日本の力を弱めることになります。赤字国債が発行できなくなるということ、それは、国が国民に対し、年金、医療保険を給付できなくなることを意味します。そうなれば国民の国に対する信頼は失われ、求心力の低下は必然のものとなり、国内の基盤も揺らいでしまいます。

それでは、この国の求心力の源ともいえる年金や保険が機能しなくなってしまう前に何をすべきなのか。その答えとなるのが「働く」ということです。知恵を使い働くことです。シルバーたちが福祉を受けるだけの立場から、自主的な「働」の営みを行う側へと変化する必要があります。

労働と資本主義の関係において、マックス・ウェーバーは「エートス（行動様式）の変換こそが資本主義をつくる」と唱えましたが、エートス（行動様式）の変換とは、単に外面の行動の変化だけを指すものではなく、思想や信念といった内面的なものの変化も含みます。例えばシルバータウンでは4時間の労働を行うことで収入を得ることができ、経済的な安定が生まれると心に余裕が生まれます。そこから互恵主義の生き方をするようになると、行動そのものも変わってきます。この変化を起こす場として位置づけているのが、すでに実在する「美奈宜の杜」を現代的に進化させた「シルバータウン」です。実在する街から、今、求められるシルバーの暮らしの在り方がわかりやすく伝われればと思います。3000万人のシルバー人口への対応を、国家財政の中の「シルバー会計」として位置づけ、今日本が抱える問題に対処していきます。

11　シルバータウンから始まる、原子力に替わる30%のエネルギーづくり

第三世代は、活動的に働くことができる人たちです。戦後の日本の成長を知る彼らが、社会を変える役割を担います。65歳以上の高齢者3000万人の一人ひとりの倫理や意見は、選挙での投票というかたちで国を動かしていくこともできますが、これからは「実際の行動」として、1000人以上が集まってひとつのタウンをつくり、全国100のタウンになっていく過程の中で社会に働きかけをしていきます。

65〜75歳は、リタイアしてもなお予備の力として存在し、現役社会に復帰することが求められています。シルバーの雇用が発生し、彼らは現役として活躍します。政府は国が向かうべき方向性を明確に示した上で、考える知恵を持つものとして、その時々の重要な政策に対する3000万人の意見に耳を傾けます。国の根幹がどうあるべきかを、有権者みなで導き出す政治を今後は行っていくべきであると思います。

現在、甘木にある美奈宜の杜には、そのまちづくりの理念に賛同した人々が全国から集まり住んでいます。当時も今も、私のまちづくりにおける理念は変わりません。今日まで、高齢社会において望ましいインフラを整備したコミュニティづくりが推進されていません。要ケア期間ではなく、健康で生活する期間に重点を移し、人間としての成長と尊厳を大切にする社会構造の構築を目指したいと考えています。

後に提起する国の危機は、国民である私たちの生活に直結しています。政治では解決できず、国債の累積赤字は増える一方ですが、このような状況を続けていくわけにはいきません。危機の度合いは大きいですが、できることから対策を始めることが大切です。まずはシルバータウンでの第三世代の労働により、年間総発電量の1%のエネルギーづくりを行うことに始まります。

これまで、国力は教育にあるとされていました。教育によって次世代が育ち、歴史に学んで正しい行動を起

こせる人間になるのです。近年は、問題を見つけ共有し、どう解決していくかを「考える力」が育っていないように思います。「創造力」の低下です。福島の原発事故が契機となり、自然エネルギーへの転換が注目されるようになりました。しかし現状は、電力会社は国に対して原子力発電所を再起動させるよう働きかけており、世論は原発再起動と原発ゼロの両意見の綱引き状態で、政策は一向に前に進んでいません。

本書ではこの後、さらに2つの計画を提起し、太陽光発電により総発電量の30%をつくる計画としてまとめます。まずは最初の第一歩として、原子力による発電がゼロであっても、原子力によって生産されていたのと同じ30%のエネルギーをつくる策は他にある、という仮説を立てることに始まります。仮説を立て、どうすれば解決できるのかとアプローチしていくことが大切です。「考えること＝創造力」がすべての基本となります。イマジネーションを繰り返すことで、問題の解決策として実現可能なモデルが誕生します。

これは、

①イメージする
②資料を集める
③実行する
④反省する
⑤ファイル化する

という、私の仕事の流儀、生き方そのものです。

初めに問題解決のイメージがあって、それが淘汰されることによって効果が正しく生まれ、その効果を皆に知らせることによって、賛同があり協力体制が形成されます。トヨタや日産が戦後、世界に冠たる企業になったのも、問題を提起し、社員や関係者の意見を取り入れて少しずつ改善してきたことにあります。戦後、自動車工業がものづくり、そして産業経済の主役になった勝因はここにあります。

現在、甘木にあるシルバータウン「美奈宜の杜」でも、住人の声を聞き、さらに住み心地が良くなるように多くの企業や関係者の力を借りて改善を繰り返してきました。その実績、自分自身の里山での暮らしの体験があるからこそ、1％のエネルギーをつくるシルバータウン構想は国が抱える問題解決の糸口になり、国の示す方向性の始点となると信じています。

第3章

小泉発言「原発即ゼロ」やればできる
絵空事ではない建築家の答え

1　原発54基分に替わるエネルギーづくり
日本が抱える4つの問題――まず貿易赤字の血を止める

現代の日本は次に挙げる4つの問題を抱えています。

［4つの問題］

①高齢者の人口増加に伴い、医療・介護・生活保護の社会保障関係費も増加。これらの合計43兆円は、税収37兆円を上回る。
②赤字国債発行による収入は38兆円。これに対し支出は、国債の利払費10兆円と債務償還費11兆円の合わせて21兆円の国債費。固定的な赤字を差し引いた残りは17兆円。この増加を止める。つまり、借金で借金の元金（11兆円）を返し、さらに利子分（10兆円）も借金して支払えば、借金が増える。
③自然エネルギーへの転換が年間0・5％と、加速していない（平成24年と25年を比較）。
④燃料の輸入が増え、貿易赤字を招いている。平成25年上期はマイナス4・8兆円の貿易赤字。
（①②に関しては、震災前の平成22年度予算ベース）

［解決策のひとこと］

「年間総発電量の30％を太陽光発電で賄うシステム」で止血する。
このエネルギーづくりは3つの柱で行います。

①1%はシルバータウン構想
②10%は企業参入による発電
③20%は農家による「米と発電の二毛作」

福島での原発事故以降、原発に替わるエネルギー開発が急務となっていますが、現在、国内の総エネルギー生産量に占める自然エネルギーの割合はわずか1・5%程です。そこで本章では、①のシルバータウンでの1%に加え、それをさらに拡大させた②③の構想を掲げます。

近年の太陽光発電推進の結果、平成25年に日本国内に新たに導入された太陽光の発電能力は、前の年に比べ2・2倍の約53億kWhと推定され、設備や設置費用の総額がドイツを抜いて世界1位となる見通しです。しかし、どんなに市場規模が拡大しても、この平成25年導入分の発電能力は、日本国内における年間総発電量の0・5%と、1%にも満たない数字です。このペースで行けば、福島の原発事故以前の原子力による発電の30%に到達するためには、単純計算で60年を要することになります。そして毎年、貿易赤字は累積し、その出血を止めることは困難です。なお、震災の影響で、平成23年から平成25年6月末時点での貿易累積赤字は14・3兆円となっています。

まずは自然エネルギー活用の効果に対する国民の理解を得ることが、スタートになります。自然エネルギーを使って貿易赤字を止めることが、今の日本にとって一番大切なことです。

2 絵空事から始まる計画の実現

重要な問題は、国民のためになることを実行しようとしても、「今までそうやってきたから」「法律で決められているから」という概念に阻まれて、社会の仕組みを変えることが難しいということです。制度上の問題が前に進むことを阻害します。

私は、議論をシンプルにするために、今までの法律や仕組みを一切無視します。まずは、目的と結果を優先し、日本が抱える4つの問題を解決するためにはどの道を進めばいいのかだけを考えます。そこであえて空想の世界を創り出します。ストーリーは面白いが、現実とはかけ離れている漫画やアニメのようなものとしか、この時点では受け止めてもらえないかもしれませんが、数学や物理学においても、あらゆる現象を抽象化して考えることから始まります。例えば、そうした複雑な現実を一切無視したからこそ、ニュートンは万有引力の法則を見出すことができたのです。

シルバータウンから始まる太陽光発電の一連の計画は、絵空事かもしれませんが、実現可能であると思っています。特に今回の提案において重要な点としては、

①シルバーの4時間労働と農家の「米と発電の二毛作」
②原発54基に替わるエネルギーづくりで貿易赤字を止血する
③建設国債での100兆円の投資およびその25年償還
④送電網のオープン化と技術開発の推進

が挙げられます。

太陽光発電の設備費としての100兆円の建設国債の投資は、これまでに類を見ないものです。100兆円は、現在の国家予算90兆円を超える規模です。返済についても25年償還と短いこと、また返済が終わっても、新たな投資が繰り返されることも前例を見ないものです。現代では投下した公共工事について波及効果がそれほど見込めませんが、20兆円の投資を5年間繰り返すことで効果的な循環を起こすことができます。また、稲作と太陽光発電の二毛作では一定期間集中的に発電を行うため、エネルギーの蓄電や送電の課題を克服しなく

てはならず、技術開発が求められます。そして、シルバー世代や高齢化した農家の人たちが機材設置しやすいことも重要であり、当建築研究所はこれに関する技術を考案しています。企業の開発投資が活発になることで雇用増進、景気上昇による内需拡大も期待できます。

私の考えはあくまで仮説であって、実証に基づくものではありません。しかし、「働・学・遊」の考えをもってシルバータウンをつくる計画――「美奈宜の杜」構想が現実のものとなったことは事実なのです。

私は、太陽光発電の事業計画を拡大し、原発事故以前の原子力発電に代替するエネルギーづくりを行うことを提案します。原発54基の稼動時には、総発電量のうちの30％が原子力発電によるものでした。この計画は、これに等しいエネルギーを、太陽光発電によって代替することを目的としています。

第一の計画は、本書第2章で述べたシルバータウンでの労働によるエネルギーづくりです。これは3つの計画の中で、社会全体の意識を高める働きを担うと同時に、シルバーの生き方、特に精神的な面で重要な意味を持ちます。次に、第二の計画として企業参入による10％の達成、第三の計画として農家による20％の目標達成をそれぞれ掲げ、合わせて原子力発電に替わる30％のエネルギーをつくります。太陽光発電による自然エネルギーに転換することで燃料の輸入を減らし、国の貿易収支を安定させます。

3　第二の計画――1000社の企業参入による10％のエネルギーづくり

この計画では、民間企業の参入を促すことで、太陽光発電を組織的に行い、事業規模を拡大させることを目的としています。民間企業は人を雇用し会社を運営するノウハウを持っており、一般的に民間によるものの方が経営収支が安定するといえます。利益を出すために常に問題点を見つけて改善を行い、マネージメント能力を向上させているからです。

まずはテストケースとしてシルバータウン計画と同じく5社の企業に協力してもらい、成功の事例を挙げることが必要です。これまでの太陽光発電事業と違う点はどこなのかを明確に示した上で、10％のエネルギーづくりを進めていきます。ポイントとなるのは、①必要となる広大な土地を定期借地利用する、②労働力の中心となるのはシルバー世代であり30万人の雇用が生まれる、③開発資金となる建設国債の償還期間を25年とすることで事業を円滑に進めることが可能、という点です。なお、ここでもシルバータウンでの運営を基準として、具体的に解説していきます。

〔目標発電量と企業数〕

年間総発電量９０００億kWhのうちの10％、９００億kWhのエネルギー創出を目標とします。なお、この発電量は原発18基分に相当するものです。仮に一企業が一シルバータウンと同規模の９０００万kWhの発電量を管理するとすれば、１０００社の企業参入を必要とします。47都道府県で1県当たり約20の企業が年間を通して事業運営を行っていきます。

〔土地面積〕

太陽光発電のために必要な面積を割り出すに当たり、シルバータウンでの1反当たり5万kWhの発電量を基準とすれば、一企業が必要とする土地面積は１８００反となります。これは町に改めると１８０町です。また10％の発電量を達成するために１０００社の規模で考えると、１０００倍の１８０万反、町にすると18万町を必要とします。

〔場所〕

場所は耕作放棄地を利用します。なお、現在の耕作放棄地は国内全体で390万反であり、このうちの4割以上の土地を活用することになります。このように広大な面積を必要とするので、土地の利用に当たっては、所有者より定期借地利用することにします。定期借地利用はこれまでの太陽光発電事業にはない目新しいアイデアです。耕作放棄地は全国に分散しており、人の立ち入りもあまりないことから、国や地方自治体の協力を得ながらその利用を進めていきます。

また、1％のシルバータウン計画では、太陽光発電の場と住居の場を同じくしていますが、10％の計画では、企業に雇用されている従業員（第三世代）は、住まいのある場所から職場のある都市近郊に通勤することになります。

［企業参入と30万人の雇用］

企業参入により太陽光発電の組織的な枠組みをつくり、事業を進めます。一企業が必要とする労働者数は、1人当たり2反の土地を管理するシルバータウンでの基本方針にならうとすれば900人ですが、企業の売上分を考慮し、かつ1人当たりの年収を逆試算により300万円台とするならば、シルバータウンでの労働よりも効率を高める必要があります。よって企業が事業計画を練って運営の効率化を図ることで、仮に第三世代1人当たりがシルバータウンの3倍の6反を1日4時間の労働で管理できるとすれば、人員数は300人になります。1社当たり300人を採用すると、1000社では30万人の雇用につながります。例えばトヨタ自動車単独の従業員数は平成24年時点で約7万人なので、その4倍以上もの従業員規模になります。

［売電売上］

経済産業省が発表した平成25年度の買取価格は、10kW以上の発電で36円（kWh当たり税抜き）です。つまり太陽光発電エネルギーを売電すると、その売上は、1社当たりでは32・4億円、1000社全体では3・24兆円となります。

［資金調達］

太陽光発電の設備費については、1反当たり1000万円の費用と見積もれば、1社当たりでは180億円となり、さらに1000社参入時における数字となると18兆円という巨額の数字になります。

そこで、この18兆円については、国家のエネルギー開発という名目で資金投入することとし、建設国債を発行して国が資金をつくり、それを企業が無利子で利用することで設備資金を賄うようにします。なお、投資は何年かに振り分け、仮に5年間で200社ずつの企業参入となった場合、国は年間3・6兆円の資金投入をすることになります。企業側は、売電した売上によって返済を行います。発電された電気エネルギーは完全買取制度のもと確実に企業の売上になります。資金の戻らない赤字国債とは違い、建設国債を利用することで、設備資金は毎年、国庫に戻るという状態が繰り返されます。なお、償還期間は25年とし、1社当たりの年間の返済額は7億2000万円、1000社では7200億円となります。

［具体化へ導くために］

■5社によるテストケース

10%のエネルギーをつくる太陽光発電の事業計画は、スタート時点で一度に1000社の企業参入が実現し、すぐに目標を達成できるような簡単なものではありません。5カ年計画で実施し、一年に200社参入のペースで進行するなど、段階を経ながら目標に近づけていくものです。そこで、計画を実現に導くための第一歩として、まずは全国のいくつかの場所で実験的に5社の運営を行うことにします。10%構想の入り口として、テストケースで運営を行う最初の企業が収益を上げて成功の事例を示すことで、目標とする1000社の企業参入へと導きます。「このような方法で事業を行えば、実現できる」と、皆が実感するように導かなくてはなりません。一企業が経営を成立させることは決して簡単なことではありません。運営を行う過程において、日照時間の違いによる発電量の地域差なども想定されますが、懸念事項と問題点を改善しながら計画の全体像を捉え、成功のガイドラインをつくり、国を挙げて事業計画に取り組むことが、さらなる企業参入の拡大につながります。

■一企業に32億4000万円の売電売上

次に、その一企業の収益についてですが、まずは必要経費を挙げていきたいと思います。

1つ目は土地にかかる費用です。先の試算で一企業が必要とする土地面積は1800反としたので、仮に借地利用料を1反当たり100万円とするならば、総額は18億円になります。1回の借地期間は25年なので、年間にかかる費用は7200万円程となります。

2つ目は太陽光発電設備費用です。この投資が経費の中で最も大きなものになります。1反当たりの設備費を1000万円と見積もると、一企業が投資する総額は180億円です。企業が事業に参入しやすいように、設備資金については国が建設国債を発行して資金投入します。企業はその資金を金利なしの25年の期間で償還するので、年間では7億2000万円となります。

最後に人件費に関してですが、従業員数300人で、かつ1人当たり320万円という条件のもとでは、その年間費用は9・6億円になります。

よって32億4000万円となる売電収入から、これらの3つの経費を差し引くと、企業には約15億円が残ります。利が上がれば1社3億円程の法人税を国に支払うことになります。

■国家的に取り組む一大プロジェクト

この計画が実現すれば、エネルギー問題や二酸化炭素排出などの環境問題を改善できる上、この事業においてシルバーを積極的に雇用することで高齢化対策としての効果を発揮します。このように国家にとって有益な事業計画であるということが、国からの開発資金の調達を可能にします。もし企業が自社の資金で設備投資を行うと、政府の動きとしては初期投資費用を売電価格に上乗せすることが考えられ、そうなれば電気料金は高くなります。これは、消費者側の国民や、電気使用量の多い製鉄産業をはじめとする企業の意に反することです。現状においても政府が取り仕切って発電規模に応じて価格設定を年度ごとに行う固定買取制度が導入されているので、太陽光発電は一般にも普及しています。売電価格は企業参入の前提条件となる重要なものです。今後も国が中心となってエネルギー転換の方針をつくっていかなければ、太陽光発電のさらなる広がりはないでしょう。

民間企業の新規参入は並大抵のことではありませんが、太陽光発電事業を国家プロジェクトと捉えた時に、企業の存在は不可欠です。今は、エネルギー問題を社会的な問題と捉えて、一刻も早く対処すべき時であり、国を挙げてこの問題に取り組まなくてはなりません。一企業として見た時に、そのエネルギー生産力は０・０１％の力に過ぎませんが、これが１０００社集まれば10％の力になるのです。この計画は、個々の企業体が高額な投資をして開発を行うというものではなく、国家事業の設計図の一部分を、それぞれの企業が担うことで事業を推進する、大きなプロジェクトであるといえます。

4　絵空事から始まる第三の計画
――「米と発電の二毛作」による20％のエネルギーづくり
農家は半年間で500万円の収入を得て元気になる

3つ目に掲げるのは、20％のエネルギーをつくる太陽光発電の事業計画であり、本書のタイトルにもなっている「米と発電の二毛作」です。水田を利用して農家が太陽光発電を行うというこの計画は、米をつくりながら、電気エネルギーもつくるという、これまでに前例のない「米と発電の二毛作」で行われ、我が国の資産ともいえる、太陽や水田が活用できるエネルギーづくりです。これは3つの計画の中で最大のエネルギー量を創出し、一連の太陽光発電計画において重要な位置付けとなります。

原発「即ゼロ」を実行するためには、即実行できる具体策が必要です。それゆえに、今は一から新しい発電技術や構造を開発するよりも、現存する資源、土地、人材を有効活用しながらエネルギーづくりを成立させられるかどうかがポイントになると考えました。そこで、目の前にある水田を何とか有効利用することができないか、誰もが参加できる発電方法とはどのようなものかを考えた末、今からすぐにできる回答として「米と発電の二毛作」というアイデアに至りました。

従来の太陽光発電設備は「固定式」であり、耐力を保つためにコンクリートや杭を打った基礎工法が一般的なため、農業と並行して発電を行うという発想はありませんでした。しかし「移動式」の基礎・架台を開発すれば、米の生産力を落とさずして、稲作と発電を同じ農地で行うことが可能となります。「一時転用許可制度」などを用いれば、早急に計画を推進することができます。

〔目標発電量〕

年間総発電量9000億kWhのうちの20％のエネルギーで、1800億kWhとなります。この発電量は、原発36基分に相当します。

〔土地面積〕

基準値としてシルバータウンでの1反当たり5万kWhの発電量を適用します。目標の1800億kWhを生産するために必要な水田面積を割り出すと360万反、これを町に改めると36万町となります。

なお、二毛作として、春から秋にかけては稲作を行い、稲を刈入れた後の水田を利用して半年間のみ太陽光発電を行うので、目標の発電量に達するために必要な水田面積は2倍となり、72万町の土地でエネルギーづくりが行われます。日本全体の耕地面積460万町のうち、水田が占める面積は250万町となっていますので、発電のための利用率は3割程度となります。

〔売電売上と農家数〕

1800億kWhのエネルギーを売電すると、総売上は、売電価格36円（kWh当たり税抜き、平成25年度買取価格）の場合、6・48兆円となります。

次に目標発電量の1800億kWhを生産するために必要な農家数を算出します。仮に一農家が1町を管理したとすると、水田面積は72万町なので、必要な農家数は72万戸となります。総売上6・48兆円を72万戸の農家で分配すると、一農家当たりの太陽光発電による売上は900万円となります。なお、平成23年度の農林水産業調査報告によれば農家総数は156万戸であり、これに対して72万戸は約半数を占めることになります。

［資金調達］

太陽光発電設備にかかる費用は、1反当たり1000万円を基準とすれば、1町を管理する一農家当たりの設備投資費は1億円と、かなりの高額になります。そこで、農家が個々に資金を負担するのではなく、国が建設国債を発行して設備資金を投入します。農家全体の設備費は72兆円になります。この資金は25年で国へ償還することとし、年間に2・88兆円が国に戻ることになります。なお参考までに、小泉政権発足時の国家予算は82兆円程です。

［具体化へ導くために］

■発電設備の開発と導入費

実際に証明できるものが存在して初めて、農家が20％のエネルギーをつくる計画を実現することが可能となります。そこで、まずは各地域にて農家戸数を限定して事業をスタートします。収穫後の田を耕し、地盤を水平な状態にしたところで当建築研究所開発の移動式の基礎をつくり架台を設置して、太陽光パネルを短期間で設置します。その後の実作業としては、週に1、2度の太陽光パネルのメンテナンスや雑草除去が主なものになります。春になり田植え前の時期になれば、機材を解体し収納・保管します。これら一連の機材移動、組立設置、解体撤去、メンテナンスのすべてを、主にシルバーや農家が行うため、架台および基礎については軽量でシンプルな構造を必要とします。架台の脚は折りたたんで枠内に収納できる構造となっており、脚を取り出して組み立てると、太陽光発電に適切な角度となるよう形状が工夫されています。なお、移動式であることで、稲作を行っている半年間にも、別の土地に機材を移動・設置して継続した発電を行うことが可能です。

太陽光発電設備にかかる設備投資費はかなり高額なので、農家が太陽光発電を受け入れられる条件をいかにして整えるかが重要な課題ですが、この計画においても、国が建設国債を発行することによって得た資金を投入します。返済については利息なしの25年の償却とし、一農家からは年間400万円が元金として国に戻る仕組みとなっています。この仕組みが前提としてあることで、農家は初期投資の負担がなく、安心して設備導入することができます。また返済に関しても、電気エネルギーを売電した収入から支払うことができます。国としても投資資金を25年で完全に回収することができるので、建設国債での投資は双方にとってメリットがあるため事業計画を円滑に進めることが可能となります。

■農家に900万円の売電売上

次に一農家当たりの収入を求めます。二毛作により発電に従事する期間が半年になることを考慮し、1町の水田面積を管理した場合では、年間で5万kWh×10反＝50万kWhの発電量となるところ、半分の25万kWhと計算します。この発電量の売電売上は、売電価格36円×25万kWh＝900万円です。900万円から国への償還分400万円を差し引くと、農家の手元には500万円が収入として残ることになります。また、もし途中で太陽光発電に従事できなくなったとしても、設備買い戻しなどを国が保障することとします。

■農家72万戸のTPPへの対処

この仕組みで農家が年間500万円の収入を得ることができるとすれば、1つ目の波及効果として、TPP問題にも対処でき、農業が存続する策となります。まずは一農家が始めることで収入を得られることが確実となれば、農家の間に瞬く間に浸透し、その規模は拡大していくことでしょう。

そして国としても、一農家に対して1億円の投資をする意味合いは十分にあるといえます。それが2つ目の波及効果で、燃料を海外から買う必要がなくなる、ということです。総発電量の20％のエネルギーづくりを達成するためには72兆円の設備投資が必要ですが、この開発資金は25年で完全償還される仕組みとなっています。

5　計画の背景に見えるもの　ソフトバンク孫社長の電田プロジェクト──国会で伝えたこと

この自然エネルギー計画は国の政策として提案するもので、これ以上、貿易赤字が続くことで国が赤字国債を発行することのないような仕組みづくりを目指すものです。また10％の構想では企業が参入することを目的としており、企業の雇用創出により国民の賛同を得て世論を構成し、さらに20％の構想へとつなげます。企業はリスクを伴う投資や事業開発には参入しませんし、収益を上げなくては経営が成り立ちません。しかし、世間からその運営が独占営業的に捉えられてしまっては、自然エネルギーの推進に貢献していたとしても、さらなる発展、そして新規参入のきっかけさえ失われてしまうことになりかねません。

平成23年5月、参議院行政監視委員会の場において、ソフトバンクの孫正義社長が非原発依存と自然エネルギー政策を唱え、自然エネルギー協議会の設立に向け、耕作放棄地と休耕田を利用して太陽光発電を行う「電田プロジェクト」を提案しました。このプロジェクトには当時19の自治体が賛同しています。なお、現在では36の都道府県と18の政令指定都市が自然エネルギー協議会に加入しています。自治体の協力を得ることで、このような取り組みを円滑に進めることができます。しかし、この構想は今もなお実現できぬままです。構想実現の壁としては、土地の確保の問題、送電線への接続問題などが挙げられます。

しかし、このプロジェクトが進まなかった最大の原因は、「世論を構成することができなかった」ことだと思っています。この開発を営利目的と捉える人が多く、世の中が実現困難の要因ばかりに目を向けることになってしまいました。ソーシャルネットワークサービスが発達し、マスコミ主導の現代社会では、事の本質を共有することが難しくなっています。国民の賛同を得るためには、暮らしに直結した効果を伝えることが不可欠です。脱原発、自然エネルギーへの転換推進の他にも、国民の心に訴えかけていかなければ、世論は構成できないということです。

電田プロジェクトでは、耕作放棄地と休耕田に太陽光発電パネルを設置し、５０００万kW（＝約５００億kWh）に相当）の電気量を生産する構想を打ち出しましたが、これは現在の日本の年間総発電量９０００億kWhの約５％に相当します。現在、太陽光、風力、水力、バイオマスなどの自然エネルギーによる発電量は、それらを合計しても全体の１・５％程なので、孫社長の掲げた目標値は偉大なものです。ここまでの規模を実現するためには、それに見合った広大な土地を確保することが課題であり、その解消とさらなる発生の防止が求められている耕作放棄地の利用に着目したのです。このような視点や、実際に借地利用を進めるために自治体の賛同を得るための努力、法律にも怯まず国会答弁にまで持ち込んだ実行力は、心からの尊敬に値するものです。孫社長の掲げた５％の数字は、この本において提案している10％のエネルギーをつくる企業参入計画の半分、５００社規模の発電となります。

震災以前の原子力による発電は全体の30％＝２７００億kWhです。最終的にこの発電量に近づけるためには、参入企業の数を増やすことが必要になります。企業参入に主軸を置いた本書の10％構想においては、政府主導のもとに企業の参入を促すことが必要となるでしょう。

国民に、小泉元首相の「原発ゼロ」発言が届き、今すぐに原発を止めなければならないという気運が芽生えています。方向性が見えてくると社会が明るくなってきます。その次の段階として、原発ゼロ実現のための具体的な方法を明確に示すことが必要です。

【本書の計画と電電プロジェクトとの違い――農家が自らの田を使用しての発電】

ここで、本書のエネルギー計画を電田プロジェクトの内容と比較してみます。

①「米と発電の二毛作」では、農家は自らの田を使用して発電を行うので、土地の確保が容易。また、耕作

放棄地を使用する場合も、定期借地利用としているので土地が確保しやすい。
②労働力の中心となるのはシルバー世代であり、100万人の雇用が生まれる。
③開発資金を建設国債によって投入し、その償還期間は25年と定めるため、事業を円滑に進めることが可能。

6 現状における課題

1 土地の確保

耕作放棄地とは過去1年以上、作物を作ることを放棄した農地のことです。シルバータウン構想および10％の企業参入計画では、この耕作放棄地を定期借地利用することにしています。これらの計画において、耕作放棄地を提供してくれる農家とのつながりができることで、並行して行われる20％のエネルギー計画への農家の参加に結びつくよう、事業計画の連続性を持たせています。地権者にも安定した借地料が見込める他、一度耕作をやめてしまった農地はすぐに荒れてしまいますが、太陽光発電で人手が介入し耕作放棄地の手入れが行われるので充分メリットがあるといえます。

しかし、農地を農業以外の用途に利用する場合は、「農地法に基づく転用許可」が必要となります。現在の制度では、農地で発電を行うためには転用許可が必要です。現在のところ簡易かつ撤去可能な支柱などを用いて土地の上空に太陽光発電設備を架設する「ソーラーシェアリング」については「一時転用許可制度」を用いることで発電が可能です。それには耕作機械などの効率的な運用ができること、上空に設置した発電設備が作物に著しい影響を与えないこと、農作収入が現況の2割以上減少しないことなどの諸制限があります。そこで「米と発電の二毛作」は、転用許可を得る上でも有効なものとなります。田で稲作を行わない時期に期間限定で太陽光発電を行うのであれば、米の生産量を減少させることもなく、「一時転用許可制度」における諸制限の影響を受けることもありません。

なお、原発18基に相当する10％の企業参入計画は、とても大きなプロジェクトであるといえます。それゆえに太陽光パネルの設置場所ひとつを取っても、全耕作放棄地の4割以上の広大な土地面積を必要とします（図3－1）。事業の取りかかりとなる土地確保のための交渉は容易なことではありませんが、この計画を進めるに当たっては耕作放棄地の利用が不可欠であり、土地所有者の賛同、ひいてはその地域の自治体の賛同がなくては計画は成立しません。彼らの協力を得るためには、国家が主体となって全体をまとめるプログラムが必要とされるでしょう。

10％計画における具体的な土地の確保については、耕作放棄地を定期借地利用することとし、土地の名義は所有者のままで、企業は土地の利用権利を得るという制度を活用します。なお、宅地並みの固定資産税がかからないよう特例を設けるなどの検討も必要です。借用の対象地は主に都市周辺の耕作放棄地になるので、大都市を除けば1反当たり地価100～200万円の相場で取引される土地と想定されます。定期借地利用の期間は設備費の償還年数25年に順じ、25年×2周期で50年間とします。なお、支払いについては、定期借地利用

■図3－1　耕地面積に対する土地使用の割合

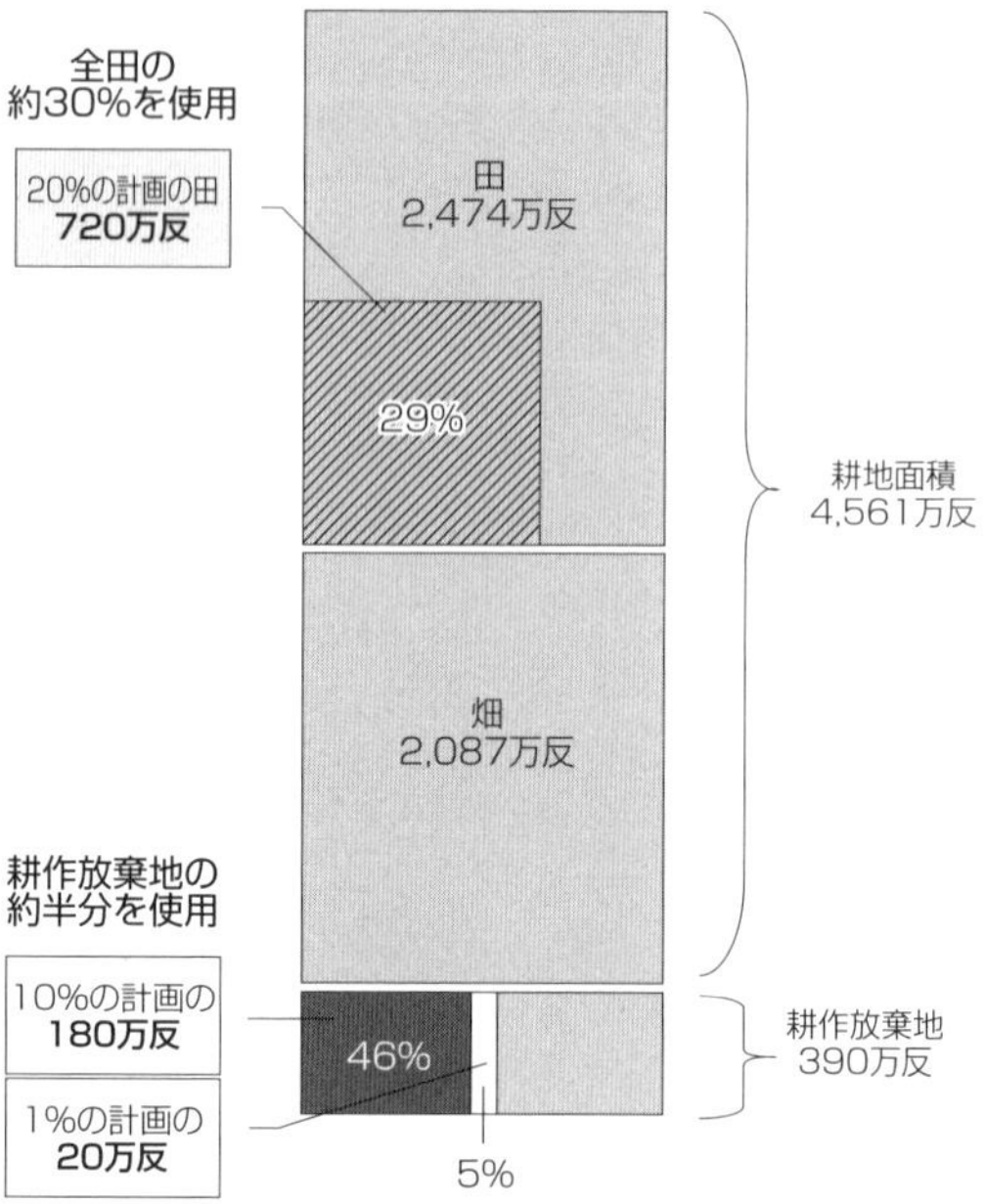

参考：総務省統計局「日本の統計2013」
農林水産省「耕作放棄地の現状と課題」（平成22年3月）

の金額を地価の半額に設定します。仮に２００万円の土地の場合であれば、１００万円を定期借地利用料として支払うことになり、１００万円を25年で支払えば毎年4万円程と想定できます。

このように定期借地利用にすることで、地主は安定した収入が見込め、企業側としても購入に比較すると費用の負担が軽減されます。また、「米と発電の二毛作」において発電と米生産の売上を比較した場合、1町で半年間の太陽光発電を行った時の売電売上は９００万円、同面積で稲作を行った時の売上は１４０万円ほどなので、発電の方が米生産の売上よりも多くなります。

政府はこれまで、農家が減反に応じることを条件に、経営所得安定対策として1反につき1万５０００円の補助金を支給していましたが、平成26年度からの4年間は７５００円に引き下がり、支給対象も現在の1割程度に絞り込まれる予定です。今後は減反に協力するメリットがなくなると同時に、国が各農家に生産量の目標を配分する制度はなくなります。農家にとっては自由に生産量を決められるようになりますが、同時に競争力が問われることとなり、小規模農家が離農するケースが今後増えると予測されます。そうなると手放された農地を集積し大規模化を進めて生産性を高めた農業経営や、その土地を活用した他の事業展開も増えることになるかもしれません。

2 送電容量の問題――送電網のオープンシステムをつくろう

太陽光発電事業の普及の弊害となっている問題に「送電容量の限界」があります。最近では、北海道電力が企業の送電接続の申し込みのうち、4分の1しか承認しなかったという実例があります。太陽光発電関連の開発を手がける企業の多くは、申込み前に土地を購入していたので、受理されなければその土地が宙に浮いたことになり投資損を招きます。

現状では、既存の電力会社10社（一般電気事業者）が送配電線の一体的な整備・運用を行っているので、新規参入電気事業者は一般電気事業者の送電線を利用しています。送電容量を大きくするには、電圧を上げるか電流を増やすかを行えばよいということになりますが、高電圧、大電流の電気を送るための技術は簡単なものではなく、また安全性の面からも、流すことのできる電流の限界や送電損失により、送電容量が定められています。

このような現状から、今回提案する計画では、全国各地で送電線の新規拡大が必要となるため、送電設備建設費の予算額を仮に10兆円程と想定しています。これは太陽光パネルにかかる設備費とは別途起債し、償還期間を60年とします。送電網環境の改善は、国、一般電気事業者、そして新規参入電気事業者が協力体制をつくって送電線を設置し、必要に応じて誰もが使用できるように送電線をオープンにするシステムづくりが重要となります。さらには、エネルギー変換技術の発展に力を注ぎ、既存の送電システムに依存せずに家庭や工場などの電力消費地に電力供給できるような、スマートグリッドの仕組みを構築することも課題となっています。送電網のオープンシステムは太陽光発電のみならず、風力、バイオマスなどの自然エネルギー推進においても共通する今後の課題であるといえます。

3 半年間の太陽光発電のための仕組みづくり

電気は蓄えておくことはできません。私たちの電気の使用量状況に合わせ、電力会社が一定時間ごとに発電する量を調整しています。特に農家による発電計画においては、夏に稲作、収穫後は太陽光発電という半年毎の二毛作で運営するので、一定期間内に大容量の電気エネルギーを生産することになります。半年間に20％の電気エネルギーをつくるということは、1年に換算すれば40％の発電となり、原子力の30％を超えるものです。さらに付け加えると、発電が半年間だけに集中するので、今までにない生産量と言えます。

そこで計画実現のためには、電気エネルギーを蓄えておく技術の開発が不可欠となります。既存のものとしては、ニッケル水素電池やリチウムイオン電池などで蓄電しておく方法も有効であると考えています。このように電気エネルギーを蓄電できれば、コンテナなどを利用して都心の発電所に大量に運搬することができるので、これらの蓄電システムの低廉化や量産化が今後の課題となります。また、都市周辺に多層階の蓄電施設を設けたり、家庭や工場でも蓄電ができる仕組みを整えることが必要です。さらに、悪天候時の発電不足を補ったりするために、火力などの他の発電方法と発電量をコントロールする仕組みづくりも必要となるでしょう。

太陽光パネルについても、簡易設置できる移動式のものなど、技術開発に力を入れることが必要です。10％の計画で企業が主体となってエネルギーづくりを行う過程において、産業全体が、電気を太陽光発電で賄うという目標に向かうことで、関連製品の更なる技術開発が実現し、投資が生まれます。

4 あらかじめ考える相続の問題

20％の事業計画では、稲作後の水田が活用されます。これを踏まえ、農地に関しては、名義の問題にも留意しておかなくてはなりません。エネルギー生産が行われ、利益が上がり、土地としての資産価値が見込まれるようになると、登記簿上の名義が複数化する懸念があります。こうなると、本来なかったような相続の問題も起こり得ます。また、ひとつの土地について複数の名義取得者が存在するような状況になれば、いざその土地をエネルギー生産のために活用しようと思っても何人もの承諾が必要となり、目的達成までのスピードは失速し、計画の実現を阻む要因になりかねません。売電収益を分配することはあっても、名義の複数化は避けなくてはなりません。この問題は後継者不足の林業でも実際に起こっていることです。これは、住宅土地などの共有名義不動産のケースにも類似しますが、所有者が複数化すると意見の集約が複雑になるので、何事においても実現することが難しくなることに留意しておかなくてはなりません。

5 TPP参加を見据えた72万戸の農家収入――500万円の収入を得て元気になる

20%の事業計画では、72万戸の農家が500万円の年収を得ることができます。農家の経営が安定し、さらには雇用と安定した収入を求めて農業従事希望者が集まり、農業が抱える後継者不足の問題も解消できます。現在、第一次産業従事者は減少の一途を辿っており、農業従事者に関しては全就業者の1・5%程です。既存の農家数は150万戸程なので、農家による米と発電の二毛作は、全体の約半数の農家による一大プロジェクトであるといえます。

また今後、日本がTPPに参入することが正式に決まれば、自給率の低い我が国が食糧輸出の受け入れ先として標的になることは予想の範疇です。関税の撤廃により安価な農作物が流入してきて農家の経営が圧迫されることが懸念されますが、エネルギー生産による収入がその対抗策となります。また、この計画により農業従事者が増加すれば、国内の農業自給率が並行して増加します。これも、20%構想の効果として挙げられる点です。農家のエネルギー生産の運営取りまとめは、全国農業協同組合連合会＝JA全農（以下JA）に協力をお願いしたいと思っています。JAにとって自然エネルギー産業は新事業となりますが、現時点でも本来核になるべき農業部門の赤字を保険・金融部門で補っています。農家とJAの間には長年の信頼関係が成り立っていますので、今回のエネルギー事業に関してもJAの協力体制が不可欠です。

7 企業体＝JAが「米と発電の二毛作」の運営を行うケース

本書では、年間総発電量の30%の発電を達成するためのエネルギー計画として、企業および農家による事業運営をそれぞれ提案していますが、ここでは、企業体＝JAが主体となり、農家の協力を得て運営を行うモデルを提案します。

一農家が1町の土地で事業を行うためには1億円の投資が必要となり、資金確保は容易ではないと考えます。そこで仮に、ＪＡが個々の農家の取りまとめ役となり運営を行うとします。最初は3農家で3町の運営から始め、この形態で事業運営が成立すればさらに規模を拡大し、１００農家で１００町の運営を行います。このＪＡ主導による農家の発電のモデルケースが成立すれば、30％のエネルギーをつくるという壮大な計画の実現への足がかりとなります。

本章第3節では総発電量の10％を企業が耕作放棄地でつくり、20％を農家が「米と発電の二毛作」でつくると区別していますが、ＪＡが運営するに当たっては、「田」で発電を行った後、太陽光パネルを「耕作放棄地」に移動させます。１００町の運営には１００億円の投資が必要となりますが、「田」と「耕作放棄地」での発電を組み合わせて年間を通して発電を行うことで、一部投資額が増えるものの、収支が向上して経営を安定継続させることができます。このように田の発電の後に耕作放棄地へパネルを移動させ、年間を通して行う発電を、太陽光発電の事業運営のひとつのモデルとして提案したいと思います。収支計画は、3農家で3町の運営を行った場合には、３・6億円の初期投資に対し、収入は年間２２５０万円。１００農家で１００町の運営を行った場合には、１２０億円の初期投資に対し、収入は年間7・5億円となります。運用の単純利回りはいずれも6・25％です。なお、本書巻末に収支計画書を掲載しています。

第4章

エネルギー問題を解決すれば社会保障問題も改善できる

1　貿易赤字を止め、余分な外貨を使わない

東日本大震災における福島の原発事故は、今後のエネルギーがどうあるべきかを根本から問うこととなりました。日本がこの課題を解決し、どのような方向性を示していくのか、世界から注目されています。しかし、そのことをどれくらいの政治家、そして国民が意識しているのでしょうか。

原発事故以来、国内の原子炉はほぼ停止しているため、それまで原子力によってつくられていたエネルギーは、現在火力発電によって代替されています。その結果、燃料の輸入量増加と価格高騰により、震災以前に3・6兆円だった燃料費は、平成24年度には7・1兆円に増え、その結果、当時6・6兆円の黒字であった日本の貿易収支は、マイナス6・9兆円の赤字に転じています。平成25年においても、上半期時点でマイナス4・8兆円の貿易赤字となっており、前年以上の赤字幅になることが予測されます。つまり、余分な外貨がどんどん流れ出ているのです。

「この貿易赤字を止めることこそが、国際的視点から最も重要である」

と考えています。

貿易赤字が続くと、国債の格付けが下がり、その結果、国債の金利が上がります。そして国債費のうちの利払費が増え、国の借金はさらに膨らみます。貿易赤字は、債券の格下げ、金利の上昇、国庫の負担増という負のスパイラルを生むのです。

年金をはじめ、医療費や介護保険などの社会保障関係費を、赤字国債の発行による資金調達で補っている我が国では、赤字国債の発行が難しくなることは、高齢者への年金などの社会保障の給付が難しくなることに他

なりません。国民の信頼に応えるためにも、国際的信用は決して失うわけにはいかないのです。エネルギー問題を解決することは、社会保障問題を解決することにつながります。

2　具体的な計画の「シナリオ」をつくる

1 すべての原子力発電分を太陽光発電でつくる

それでは具体的にどうしたらよいのか、仮説に過ぎないかもしれませんが、本書では計画の「シナリオ」として一連のエネルギー計画を描いてみました。

原発事故をきっかけに自然エネルギーの推進が行われ、平成25年における太陽光発電設備費の投資額はドイツを抜いて世界1位となりましたが、その推進力は年間に総発電量の0・5%程度であり、この速度では単純計算で60年を要することになります。この程度の推進力では、燃料輸入コスト高による貿易赤字を早急に解決することはできません。

このことから、本書で提案する事業計画は、原子力に頼っていた年間総発電量の30%のエネルギーを太陽光でつくることを目標としました。建設国債の投資規模は100兆円、土地面積としては、耕作放棄地のうちの4割以上と、現在作付けしている水田の3割を利用します。また企業参入数は1000社、そして72万戸の農家の協力を得るという大規模なものです。なお、過去最大の公共事業とされるものでも年間15兆円規模の投資であることから、この事業計画がいかに大きなプロジェクトであるかがわかります。

そして、この一連の太陽光発電事業計画は3つの柱から成り立っています。それぞれの計画が目標とするエネルギー量を達成すると当時に、相互に計画をサポートする仕組みとなってます。例えば民間企業が太陽光発電事業に参入する場合、土地の入手が難しいことが障壁となっており、それが太陽光発電の普及が進まない大きな理由となっています。今回の提案では、10％の事業計画で耕作放棄地を利用することとしていますが、その土地は全国の山林・農村部に点在し、また立ち入る人も少ない場所です。

そこで、この3つの計画のうちで最大の発電量を担う20％の計画においては水田を利用することとし、耕作放棄地の所有者である農家の計画に対する理解を深めていけば、並行して行われる10％の計画においても、その土地の利用を円滑に進めることができるでしょう。水田利用については、稲作とエネルギーづくりを合理的に行うことができるように、これまで誰も提案することのなかった農家による二毛作を行うこととしています。

5つのタウンモデルから始まるシルバータウン構想において、まず我が国のエネルギーに対する国民の認識を再構築します。そして、10％の企業参入により組織的に開発が行われ、最大創出量を実現する20％の農家による二毛作へと導いていきます。

年間総発電量の30％、つまり震災以前、原子力発電に頼っていたのと同量の電気エネルギーをつくるということは、個人や企業だけの体制で実現できるものではありません。この計画を実現可能にするもの――それは、国家という視点をもって全国民が取り組むことです。それには、まず計画を成功へ導くための国家的プログラムが必要となります。国を挙げてこの未曾有の試練を克服し、これまでの技術、経済発展の恩恵の上にあぐらをかくことなく計画をスタートさせるのです。

2「シナリオ」がもたらす効果

この計画は、「シルバーが中心となって、原子力に替わる30％のエネルギーを太陽光でつくる」というものであり、化石燃料や天然ガスの輸入を増やすことなく、自然から与えられた恵みである太陽、そして水田農地を利用する、日本の特長を活かしたエネルギーづくりです。これを実現させるためには、「何を目的とし、どれくらいの目標値を掲げ、実行することでどのような波及効果がもたらされるのか」を社会全体に明確に示していくことが大切です。

この計画の画期的な点をまとめると次のようになります。

①年間総発電量の30％という目標値を具体的に掲げたこと

②米と発電の二毛作

③利用土地面積が広大であり、耕作放棄地の約半分と稲作後の水田の3割を活用すること

④100兆円の開発投資には建設国債を利用し、償還期間を25年と定め、国の投資資金を完全に償還すること（送電設備においては償還期間60年）

その結果として、

⑤500万円の売電収入が農家に入り、TPP対応策になり得る

⑥100万人のシルバー雇用が発生する

■図4－1　原発停止による燃料費の増加推移

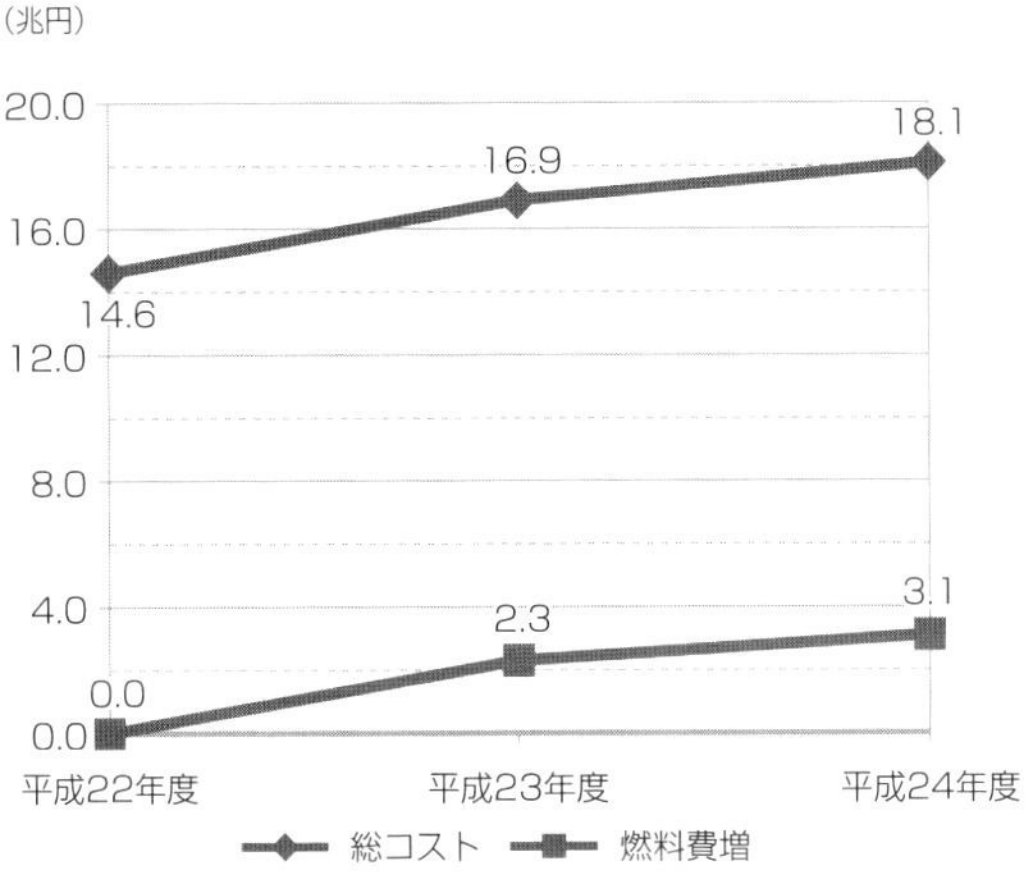

参考：経済産業省・第3回電力需給検証小委員会（平成25年4月17日）「燃料費コスト増の影響及びその対策について」

太陽光発電による30％のエネルギーづくりが実現すれば、その分の燃料を輸入する必要がなくなり、外貨の流出を止めることができます。平成24年度を例にすると、3・1兆円の節約ができることになります（図4－1）。

また、この事業計画は、「シルバーの力を活かそう」という視点から、3000万人を超えるシルバーの中で、健康な身体を持ち、このプロジェクトに賛同した人々の協力を得る

ことで、100万人のシルバーの雇用を創出します。働くことでさらに健康を維持し、また収入を得ることで老後の生活が安定します。

3 国家的な視点で全国民が目的と価値を共有し、日本の互恵を進めよう

働くシルバーを組織化するためにシルバータウンが存在し、農家、土地の所有者、タウンや発電事業の運営を行う企業、太陽光発電に関するさらなる技術革新、それぞれの力が集結されて計画は実現へと導かれます。太陽光発電を推進し、日本の貿易黒字を回復させることで国家財政を健全化する。そして、シルバーが幸福であるとともに、若者が将来に希望を持てる日本をつくる――というこの計画の目的や内容が伝わっていく中で、国民一人ひとりがこの計画の実現の可能性を実感し、何か自分にできることがないかと、自然に皆が協力するようになる社会を目指しています。「学」と「遊」の話にもありましたが、国民一人ひとりが「自分自身の中で何かを感じる」ことから、壮大な計画の実現は始まるのです。

このシナリオのイメージに従って、今日本は、原発に替わるエネルギー構想を立て、一体となって進むべき時に来ています。

3 「シルバータウン+太陽光発電=新しい福祉」を実現する互恵主義の国家づくり

福岡・甘木の地に「働・学・遊」のコンセプトに基づいてつくられた街「美奈宜の杜」。それは、第三世代の人々を中心とした1000戸のシルバーが暮らすためのタウンであり、まちづくりは今もなお続いています。シルバータウンでは、自然の中で健康のために1日4時間働き、そして生活する中で、遊ぶことが学びにつながるという暮らしを理念としています。美奈宜の杜完成以降も、私の中でシルバータウンの全国への拡大構想

は続いていましたが、超高齢社会となった今、シルバー世代の暮らし方――老人だからと侮られることなく、老いに引け目を感じずにどう生きるのか――の参考となるものを具体的に示す必要があると考えました。年金やケアに重点を置いた現在の福祉とは異なる方向から第三世代の受け皿を探り、今回は特に、働くこと＝「働」に重点を置いたシルバータウンでの暮らしを提案しています。

この「働」については、東日本大震災での原発事故を背景に、第三世代の人々が太陽光発電という新しい労働の場を得ることができると考えています。美奈宜の杜を建設する際、まちづくりにおいて最も重要視したものは健康でした。しかし、健康面のサポートの充実があっても、実際に田舎の自然の中に人々が移住するかというと、それには時間を要しています。このような経験から、

「収入を得るということがタウンに移り住むことの条件として不可欠である」

と感じています。

住まいと職場環境を同じくする職住一体型のシルバータウンでの太陽光発電は、年間総発電量のうちの1％のエネルギーに過ぎないと思われるかもしれません。しかし、現在の太陽光による総発電量を上回るものであり、1％のエネルギーをつくることで得られる収入は10万戸のシルバーの暮らしを支えます。売電による売上げの半分は、身体の自由が利かなくなった時のケアのサポートや街の運営のために使われ、残りの半分は住民が自由に使うことができるお金＝収入となります。そこに住む人々がシルバータウンで安心して暮らせることを実証し、それが3000万人の高齢者、そしてまた世代を越えて社会全体に伝わることで、「シルバータウンに暮らしたい」と誰しもが願うようなまちづくりを目指します。

そして、この1％のエネルギーづくりの成功は、シルバーおよび社会の精神的な支柱となって、太陽光発電計画を30％の拡大構想へと導きます。シルバーは売電によって収入を得、そしてその収入源は全国民が支払う電気料という名の公平性をもったものであり、従来の税による徴収などとは異なったかたちの社会保障である

といえます。そして30%の目標を達成できれば、貿易赤字を止めることができ、100万人の雇用が実現します。それは多くのシルバーに収入をもたらす、全く新しい福祉のかたちといえるものになるでしょう。

「健康を維持し、そして自らで生計を立てる」

これこそが社会に迷惑をかけない生き方であり、シルバーが喜んで働くことのできる環境を整えることが最も大切であると考えます。今回の計画では100万人のシルバーを対象にしていますが、100万人の豊かな暮らしが実証できれば、3000万人のシルバー、さらには全国民の事業に対する信頼を得ることになります。シルバータウンでの暮らしが人々の目に理想のものとして映れば、そこは社会のコモンズとなり、皆がここに住まうことを望みます。過去に人々が公団住宅に憧れたように、時代とともに求められる住まいのかたちは変わっていきます。

年金や医療・介護保険支給のために国家財政の節約を促すようなことではなく、また社会保障関係費用をさらなる増税に求めることでもなく、シルバー世代が自立することができればと思います。

原発がコストのかかるものであり、また核のゴミの捨て場がないということが、小泉元首相の発言をきっかけに広く知られることとなりました。国民の間に原発アレルギーが発生し、電気は電力会社がつくるものという常識が変わろうとしている今こそ、太陽光発電の推進へ向けて、シルバーや農家、そして民間企業と国とが一体となって変革に取り組むべき時です。

これからは、シルバー世代が社会保障を受ける立場から、健康を維持し、これまでの経験や知識を活かしながら働いて収入を得る、という積極的な行動を取ることで、そこに自立した精神体系が構築され、次の世代も第三世代を見ならおうとし、社会に良い循環が生まれます。そして、相手を思いやり、お互いに助け合おうとする互恵の中で、それがさらに広がっていくことが大切であると考えます。このことへの理解を促し、世代間を越えて協力し合う体系づくりが互恵主義そのものであり、太陽光発電という自然エネルギー事業を通して、これからの社会が必要とする福祉のかたちを築いていきます。

私は、これらのエネルギー事業計画によってシルバー世代、そして国そのものを元気づけたいと思っています。その結果として、若い世代の人たちが将来への夢を持つことができるようになればと願っています。

おわりに

この本のはじまりは、シルバータウン「美奈宜の杜」を手がけるに当たって、第三世代のそこでの暮らし、生き方の指針となる哲学として「和田レポート」をつくったことにあります。和田レポートは私の中でずっと生き続け、またいつの日か、このレポートが世の中の役に立つ日が来ると思っていました。

和田レポートが伝えているのは、「高齢社会において『ケア』は必要であるが、決して中心となるべきものではない」ということです。シルバーが長い年月の中で培ってきた経験や知恵を役立てる場がなくなり、社会の中で埋没していく。年金や福祉を一方的に受け取る状況は、老人と侮る風潮を生み出す。このような世の中になってはならないのです。目指すは互恵社会であり、それは、その日を迎えるまで健康で人の世話にならないために1日4時間働き、遊びが学びにつながる「働・学・遊」のコンセプトに則った穏やかで美しい日本の暮らし。自然の中に1000戸の人々が暮らし、働くことが健康の源となる住みやすいまちづくりを、心にずっと描き続けてきました。

私の父は常々、「油の一滴は血の一滴」と言っていました。「油がなければ、軍艦も戦車も動かない」戦時下の日本では本土決戦に向け、松の幹に複数の矢形の傷を付けて松根油を集めており、父は油を備蓄する仕事に携わっていました。社名は「宗像鉱油」といい、のちに出光興産となります。父はそこに丁稚として入った後、番頭となり、戦後は油を配給する仕事を行いました。松根油はアジやサバを捕る漁船の焼玉エンジンの燃料として使われ、当時の困窮した食糧難に対応しました。父は出光に仕えたことを生涯誇りにしていました。私は、燃料費が海外へ流出する状況に、まさに子供の頃に聞かされていた「油の一滴は血の一滴」と同じ臭いを感じ、どうにかしてこの流れを止めなければならないと強く思ったのです。

どうすれば原発54基分に替わるエネルギーを生み出すことができるのか。東日本大震災の後に東北の地を訪れて以来、その思いは強まるばかりです。その具体的な解決策が、従来通りお米をつくりながら、収穫後には同じ水田で電気をつくる「米と発電の二毛作」です。全国の水田を活用すれば、問題を解決することができると思いついたのです。この壮大な計画は、建築家による絵空事といわれるかもしれませんが、私は実現できると思っています。原発ゼロに向け、全国民が力を合わせる絶好の機会であると思います。「やればきっとできる」私はそう信じています。

これまで誰も提案することのなかった、この「米と発電の二毛作」というアイデアを、ひとりの終戦の年に生まれたシルバーの知恵として伝えたいと思います。

平成26年1月

福永　博

ここでは、本書第3章7節（88頁）の「JAが『米と発電の二毛作』の運営を行うケース」について、収支計画を具体的に示します。このケースでは、田で発電を行った後、太陽光パネルを耕作放棄地に移動し、年間を通して発電を行います。なお、ここでは便宜上、田と同じ面積の耕作放棄地を利用することとします。

■ 1反当たりの売電売上

太陽光パネルの年間発電量は50,000kWh／反と見込み、平成25年度の買取価格「税抜36円／kWh」をもとに計算すると下記のようになります。

36円 ×50,000＝**1,800,000円**……④

以上の経費と売上から、1反当たりの年間収支を求めます。

④ －（ ① ＋ ② ＋ ③ ）

1,800,000－（550,000＋110,000＋390,000）＝**750,000円**

2 JAが100町の運営を行った場合の収支

1農家は1町を管理することとします。1を基準に、JAが100農家（100町＝1,000反）の取りまとめと運営を行った場合の収支を試算すると下記のようになります。

年間収入　750,000円 ×1,000＝　**750,000,000円**

投資額　12,000,000円 ×1,000＝ **12,000,000,000円**

なお、JAから1農家への1年間の支払い（農家の収入）は、③の10倍で**3,900,000円**となります。

3 JAが100町の運営を行った場合の発電量

このJAが100町（100農家）の運営を行う計画を成功させることができれば、発電量は、

田100町での半年間の発電量　25,000,000kWh

耕作放棄地100町での半年間の発電量　25,000,000kWh

合計　**50,000,000kWh**

となります。

なお、一般家庭1世帯当たりの電気使用量は3,600kWh／年程なので50,000,000kWhは**約14,000世帯分**に相当します。

※太陽光パネルの設置方法については特許出願中につき、詳細は福永博建築研究所へお問い合わせ下さい。

［資　料］

JAが「米と発電の二毛作」の運営を行うケースの収支計画書

■1反当たりの収支

まず、1反当たりの1年間の必要経費および売電売上を試算します。

■ 1反当たりの必要経費

【太陽光パネルシステム機材一式】

設置する機材一式1,000万円の投資費用は融資によって資金調達します。その返済期間を25年、金利を1.5%とすると下記のようになります。

元金返済	400,000円
金利	150,000円
小計	**550,000円**……①

【一部システム機材追加費用】

移動させる機材は基礎、架台、太陽光パネルのみとするため、移動先の耕作放棄地にもパワーコンディショナなどの関連装置（200万円／反）の設置が必要となります。この費用も融資によって資金調達することとし、返済期間を25年、金利を1.5%とすると下記のようになります。

元金返済	80,000円
金利	30,000円
小計	**110,000円**……②

【借地料と太陽光パネルシステム設置・撤去・移動費用】

土地は定期借地権を利用して農家より借地します。また、太陽光パネルシステムの設置・撤去および移動作業は農家に依頼します。その流れは下記のように繰り返されます。

田で設置 → 田で撤去 →（耕作放棄地へ移動）→
→ 耕作放棄地で設置 → 耕作放棄地で撤去 →（田へ移動）

この費用が農家の収入となります。

田1反の借地料	50,000円
耕作放棄地1反の借地料	40,000円
移動運搬費 × 2回	100,000円
設置撤去費用 × 2回	200,000円
小計	**390,000円**……③

福永博建築研究所代表　**福永　博**

1945年、福岡市生まれ。福岡大学建築学科卒業。一級建築士。歴史や文化・伝統から学び、理解したものを継承しながら、社会や地域に必要なことが何かを考え、その上で、住む人、使う人の立場に立った「建築と街づくり」を実践している。「マンションの革命」ともいえる超長期耐久マンション「300年住宅」を提唱、実現不可能ともいわれたが、建物を実際につくり上げた。150項目を超す特許を取得しており、生け花の師範でもある。

■受賞歴

「シャトレ赤坂・けやき通り」第１回福岡市都市景観賞
「北九州公営住宅　西大谷団地」第７回福岡県建築文化大賞（いえなみ部門）
「ガーデンヒルズ浄水Ⅰ・Ⅱ・Ⅲ」プライベートグリーン設計賞
「けやき通りの景観整備及び環境向上運動」第11回福岡市都市景観賞
「コンテナ浴室」新建築家技術者集団新建賞
「レンガの手摺り壁」一般社団法人発明協会発明奨励賞
「応急仮設住宅計画コンペ」奨励賞

■著書

『博多町づくり』（私家版）
『SCENE　建築家が撮ったヨーロッパ写真集』（私家版）
『バブルクリアプラン』（私家版）
『300年住宅　時と財のデザイン』（日経BP出版センター、1995年）
『300年住宅のつくり方』（建築資材研究社、2009年）
『風流暮らし　花と器』（海鳥社、2012年）

［編集スタッフ］草野寿康／松永智恵子

株式会社福永博建築研究所
〒810－0042　福岡市中央区赤坂２丁目４番５号　シャトレけやき通り306号
電話　092(714)6301
ホームページ　http://www.fari.co.jp
E-mail　info@fari.co.jp

米《こめ》と発電《はつでん》の二毛作《にもうさく》　「原発即《げんぱつそく》ゼロ」やればできる　絵空事《えそらごと》ではない建築家《けんちくか》の答《こた》え

2014年３月22日　第１刷発行
著　者　福永博建築研究所
発行者　西　俊明
発行所　有限会社海鳥社
〒810－0072　福岡市中央区長浜３丁目１番16号
電話092(771)0132　FAX092(771)2546　http://www.kaichosha-f.co.jp
印刷・製本　大村印刷株式会社
ISBN978-4-87415-900-2　［定価は表紙カバーに表示］